插图本中国建筑雕塑史丛书

隋唐五代建筑雕塑史

史仲文———丛书主编

孙 晋———主编

上海科学技术文献出版社
Shanghai Scientific and Technological Literature Press

图书在版编目（CIP）数据

隋唐五代建筑雕塑史 / 史仲文主编 . —上海：上海科学技术
文献出版社，2022

（插图本中国建筑雕塑史丛书）

ISBN 978-7-5439-8452-3

Ⅰ.①隋… Ⅱ.①史… Ⅲ.①古建筑—装饰雕塑—雕塑
史—中国—隋唐时代 Ⅳ.① TU-852

中国版本图书馆 CIP 数据核字（2021）第 201474 号

策划编辑：张 树
责任编辑：付婷婷 张亚妮
封面设计：留白文化

隋唐五代建筑雕塑史
SUITANGWUDAI JIANZHU DIAOSUSHI
史仲文 丛书主编 孙 晋 主编
出版发行：上海科学技术文献出版社
地　　址：上海市长乐路 746 号
邮政编码：200040
经　　销：全国新华书店
印　　刷：商务印书馆上海印刷有限公司
开　　本：720mm×1000mm　1/16
印　　张：8.5
字　　数：126 000
版　　次：2022 年 1 月第 1 版　2022 年 1 月第 1 次印刷
书　　号：ISBN 978-7-5439-8452-3
定　　价：78.00 元
http://www.sstlp.com

目
录

隋唐五代建筑雕塑史

概　述 \ 1

第一章　城市规划
　　第一节　长安城 \ 3
　　第二节　洛阳城 \ 9
　　第三节　扬州城 \ 14
　　第四节　唐渤海国上京龙泉府 \ 15

第二章　宫殿建筑
　　第一节　大兴宫 \ 17
　　第二节　大明宫 \ 18
　　第三节　兴庆宫 \ 23

第三章　陵墓建筑
　　第一节　昭　陵 \ 28
　　第二节　乾　陵 \ 33
　　第三节　其他陵墓及墓碑 \ 39

第四章　佛教建筑

　　　　第一节　寺　庙 \ 45

　　　　第二节　佛　塔 \ 55

第五章　园林与桥梁建筑

　　　　第一节　隋唐宫苑 \ 73

　　　　第二节　私宅园林 \ 76

　　　　第三节　桥梁建筑 \ 81

第六章　石窟艺术及雕塑艺术

　　　　第一节　石窟艺术 \ 86

　　　　第二节　雕塑艺术 \ 102

第七章　建筑技术

　　　　第一节　建筑材料及加工技术 \ 116

　　　　第二节　建筑构件和细部 \ 120

　　　　第三节　装饰纹样及图案 \ 123

　　　　第四节　木构技术 \ 124

　　　　第五节　其他建筑技术 \ 126

后　记 \ 128

隋唐五代建筑雕塑史

SUI TANG WU DAI JIAN ZHU DIAO SU SHI

孙 晋

概　述

　　自公元 581 年隋朝建立到唐朝末年这三百年是封建社会繁荣时期，社会的安定、经济的繁荣为建筑提供了物质基础，而文化的繁荣也促进了建筑的发展。隋、唐时期是我国建筑全面走向成熟的时期。综观建筑发展史，隋、唐时的建筑成就主要表现在以下方面。

　　第一，隋、唐时期佛教建筑的雕塑达到了高峰。佛教在隋、唐达到了极盛时期，佛教有关的建筑如寺院、塔等数量和规模都超过了其他各代，建筑成就也最高。佛教雕塑如石窟中的佛教雕塑中隋、唐两代作品无论数量、规模，还是水平，都是其他各代无法与之相比的。

　　第二，在城市规划方面，隋、唐时期吸取了以前历代城市规划的经验，在长安城和洛阳城的建造中，首次系统而全面地进行了城市规划设计，开启局面之先，对以后各代城市规划有深远影响。

| 唐代长安城平面图 |

 唐代长安城一般指大兴城，始建于隋朝开皇元年，是隋朝国都。唐朝建立后，易名为长安城，亦是当时世界上规模最大的城市。在设计时非常重视用高大建筑物控制城市的制高点，采取东西完全对称的结构。

　　隋、唐时在其他建筑方面也取得了很高的成就，总的来说，隋、唐时期是建筑史上比较重要的时期，起着承前启后、继往开来的作用。

隋唐五代建筑雕塑史

第一章

城 市 规 划

长安城在隋朝名曰大兴城，是隋朝的京城，因为隋朝的开国皇帝隋文帝杨坚在北周时曾被封为大兴公，所以在称帝以后便把都城命名为大兴城。大兴城建在汉长安故城东南的龙首原处，因当时汉长安故城里闾居民杂居，水质恶化，所以隋开皇二年（582）六月，隋文帝命宇文恺主持营建新的都城。宇文恺先建主要宫殿、官署、街道、城墙，有些建筑材料还是从汉长安故城拆来的。到第二年三月工程基本完工。大兴城分为宫城、皇城、郭城三部分，最先修建宫城，然后是皇城，最后修建外郭城。宫城是宫殿区，为皇室生活起居的地方，而皇城则是官署区，自汉、魏以来各朝京城的中央衙门都集中围绕于宫城周围以利办公。但在宫城外围筑皇城，划为专门的官署区，则是隋朝开创的先例。据《长安志》记载："自两汉以后至于晋齐梁陈，并有人家在宫阙之间，隋文帝以为不便于民，于是皇城之内，唯列府寺，不使杂居止。公私有便，风俗齐肃，实隋文新意也。"这个制度在唐朝被保留下来了。

在宫城的北面是大兴苑，据《唐两京城坊考》记载："隋之大兴苑也，东距浐，北枕渭，西包汉长安城，南接都城。东西二十七里，南北二十三里，周一百二十里。"大兴苑四周有围墙，中有亭台楼阁等供游赏的建筑。宫城和皇城位于北部正中，其南面绝大部分是居住区，其中王宅多位于大兴城外郭城的南部，据《两京新记》记载："隋文帝以京城南面阔远，恐竞虚耗，乃使诸子并于南郭立第。"除了使城市规划更加平衡外，也有对居民区加强控制的原因在内。当时隋文帝所封蜀王、汉王、秦王、蔡王，在大兴城的宅第分别在归义、昌明、道德、敦化四坊，都占据了大兴城外郭城南部居高临下的岗坡之地。敦化坊，蔡王宅控制了大兴城外郭城东南隅的北部，而开化坊炀帝宅第在皇城外朱雀大街东侧，离皇城正门朱雀门只有一坊之地，其位置更加重要。

除此以外，隋推行里坊制度，对居民加强控制，在每个坊内设里司，坊角有武侯铺，又在城内四角和街道两侧地理位置比较重要的地方设王府、机构或寺观。大兴城地势东南高，西北低，由东南向西北倾斜，其中陡起六条高坡，即帝城东西横亘六岗。这六岗的坡头，除了第二岗坡头上置有宫殿，第三岗坡头立百司以外，其他坡头皆为官府、王宅、寺观所占据。这样严加防范，层层控制的制度，是因当时隋朝虽已建立，但尚未统一全国，所以社会还不稳定，当时把大兴城修成如此规模，也有控制大量人口的意图在内。除了以上所说宫城、皇城、里坊和大兴苑之外，在大兴城外郭城内还有芙蓉池，位于郭城地势最高的东南隅。据《太平御览》记载："宇文恺营建京城，以罗城东南地高不便，故缺此隅一坊之地，穿入芙蓉池以虚之。"后来在这里兴建了离宫。此外，大兴城内寺院有百余座，道观亦有十余处。在皇城外东南和西南有两市，东曰都会，西曰利人，是大兴城内手工业区。据《长安志》记

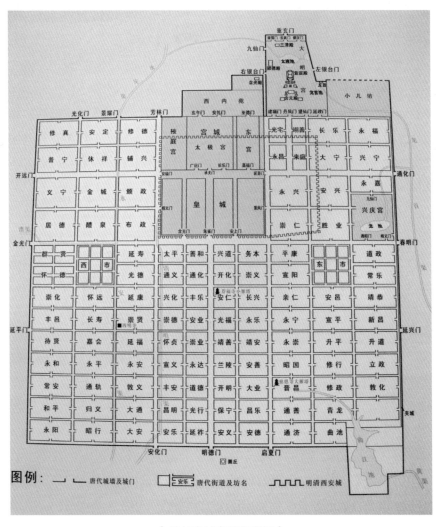

图例： 唐代城墙及城门 安乐 唐代街道及坊名 明清西安城

| 唐长安城布局示意图 |

载：两市"四面立邸，四方奇珍，皆所积集"。每市占地大约两坊，周围有围墙，四面有八门，内有井字街道，还有管理市场的市署和平准署，位于井字街当中。

公元618年李渊建立唐朝以后，仍旧定都在大兴，改大兴城名为长安。长安城在原大兴城的基础上，经唐太宗李世民、唐高宗李治和唐玄宗李隆基在位期间不断营建，终于完成了全部外郭城，成为当时世界上规模最大的城市。据《唐两京城坊考》记载："外郭城，隋曰大兴城，唐曰长安城，亦曰京师城。前直子午谷，后枕龙首山，左临灞岸，右抵沣水。东西一十八里一百一十五步，南北一十五里一百七十五步，周六十七里，其高一丈八尺。南面三门：正中明德门，东启夏门，西安化门。东面三门：北通化门，中春明门，南延兴门。西面三门：北开远门，中金光门，南延平门。北面即禁苑之南面也，三门皆当宫城西。中景曜门，东芳林门，西光化门。郭中南北十四街，东西十一街，其间列置诸坊，有京兆府万年、长安二县，所治寺观、邸第、编户错居焉。当皇城南面朱雀门有南北大街曰朱雀门街，东西广百步。万年、长安二县以北街为界，万年领街东五十四坊及东市，长安领街西五十四坊及西市。"文中所记"东西一十八里一百一十五步"，应合 9 694.65 米；"南北一十五里一百七十五步"，合 8 197.25 米。今根据遗址测量外郭城东西 9 721 米，南北 8 651 米，面积约 83 平方千米。外郭城的城墙以夯土版筑，在城门处内外以砖砌面，墙基宽度一般为 9～12 米，墙高据"一丈八尺"应为 6 米，每版夯土厚为 9 厘米。在宫城内唐代新营建大明宫取代了以隋大兴殿（唐改名为太极殿）的旧宫殿区，其余如旧制。宫城南北长 1 492 米，东西宽 2 820 米。在隋代宫城中部为宫殿区，正殿大兴殿位于北区的南部，宫殿区东为太子宫——东宫，西为宫人居住的掖庭宫和太仓。

到了唐代以大明宫为中心，兴建了会元殿和麟德殿，宫城的墙基宽度为 18 米，在城门附近以拐角处皆包砖。皇城在宫城南面，无北墙，东西二墙为宫城的延长，南面有三个门，东西两壁各有两个城门，南墙正中的朱雀门是皇城正门，和宫城的正门以及外郭城南面的正门明德门都在一条中轴线上，皇城内有东西向街道 7 条，南北向街道 5 条。皇城南北长 1 843 米，东西宽如宫城。皇城正门朱雀门外的朱雀大街是外郭城的南北中轴线，其宽度在 150～155 米之间，在外郭城皇城以南有南北向街道 11 条，东西向街道 10 条，其中通向南面三门和贯通东西六门的主干大街，一般宽度都在 100 米以上，只有在全城最南面延庆门和延兴门之间的东西干道宽为 55 米。这是因为当时它两旁居住的人很少，虽然从隋便开始有意识地规划平衡南部的人口，但到唐时郭城南部四列坊仍然很少有人居住。据《长安志》记载："虽时有居者，烟火不接，耕垦种植，阡陌相连。"以至于到中唐以后，永达里还有园林深僻处。不通城门的大街宽 39～68 米，顺城街宽 20～25 米，里坊内十字街宽 15 米，两市内顺城街宽 14 米，井字街宽 10～16 米，市内小巷宽 1 米。这些街道皆笔直，两侧种有青槐。它们把长安外郭城划分出 108 个里坊，里坊大小不一，但平面皆为长方形，四周筑有坊墙，一般基宽 2.5～3 米。有的里坊四面皆开有门，有的里坊则只有东西二门，有的里坊内有十字街道，呈"田"字形，有的里坊内只有一条东西向的街道，呈"日"字形。各坊面积大小不一，最大的是皇城两侧的久列坊，南北长 660～840 米，东西宽 1 020～1 120 米。面积最小的是靠朱雀大街西侧的四列坊，南北长 500～595 米，东西宽 560～700 米。各坊内大致划分为 16 个区，各区内除十字街道以外，还以巷相隔。在唐天宝年间以后，区内发展了"曲"，有北曲、南曲、小曲、短曲之分。里坊内实行严格的管理制度，坊内每日定时开启，日落鸣鼓闭门。城内各坊基本上是居住区，后来也发展了一些在坊内的市。唐长安外郭城的城门一般都开三个门道，只有南面正中的明德门有 5 个门道，皆宽 6.5 米，深 18.5 米，可并行两车，其中间门道为皇帝专门之御道，两侧二门左出右入，供人通行。

在宫城南面正门广阳门亦有三个门道，东西长约 15 米，深 19 米，门基铺有石板，其他城门未见。全城的给水系统主要是隋初开凿的龙首、清明、永安三条水渠，这三条水渠分别从城东和城南引浐水、滋水和滈水进城，北入宫苑。龙首渠南支由东通化门北兴宁坊入城，南折经永嘉坊，一支西去，另外一支南入兴庆坊。永安渠自今南三门口东南角入城，经大安坊折向北，自怀远坊过西市东侧向北，出城入苑注入渭河。清明渠在今北三门口村以东 200 米处，东靠安化门西侧北流入城，进皇城、宫城，注入三海。在唐初为了解决运输问题，将流经西市东侧的永安渠引入西市，天宝元年（742）又分滈水支流开渠以利漕运。据《唐会要》记载："分渭水入自金光门，置潭与西市之西街，以贮林木。"永泰二年（766），又自西市引渠"自京兆府，东至荐福寺东街，至北国子监正东至于城东街正北，又过景风门延喜门入于苑，阔八尺，深一丈"，说明了当时的繁荣。但居民的饮用水主要是井水。此外，在城内

街道旁都有明沟排泄雨水，早期为土筑水沟，沟口略低于地面，剖面呈半圆形；后期砖筑水沟加大了宽度，筑砖壁砖底，并和小巷中的砖砌暗水道相连。但当时排水设计并不完善，不能适应需要。

总体来讲，唐长安外郭城的布局依照以前的旧制，如《考工记·匠人》里所说的"方九里，旁三门"和左祖右社的制度，但也未完全照搬，如前朝后市及宫阙居中，民居围绕四周的制度就没有照搬。这样做既出于实用安全方面的考虑，也反映了汉、魏以来城市规划布局演变的趋势，与曹魏邺城、北魏洛阳把宫城建于全城北部中央的做法一脉相承，但在官署的处理上又有所创新。曹魏邺城的官署布置在宫廷内以及宫廷之南，北魏洛阳官署主要分布在中轴线铜驼街两侧，在隋、唐时则集中在皇城内。这样便于管理，也反映了封建中央集权加强的趋势，同时也有利于提高行政效率。

有关隋、唐长安城的里坊制度，在西汉长安城便有闾里制，应是其雏形。到了北魏洛阳城，对于闾里制有了详细的记载，如《洛阳伽蓝记》

记载："洛阳城东北有商里，殷之顽民所居也。""市东为通商、达货二里，里内之人尽皆工巧，屠贩为业，资财巨万。""市南有调音、乐律二里，里内之人，丝竹讴歌，天下妙伎出焉。"由此看来，当时的闾里已经按等级身份、按行业有了严格的区分，互不杂处。但是隋、唐以后，这个制度反而松弛了，"寺观、邸第，偏户错居焉。"但另外一方面，定时开坊门，日落鸣鼓关坊门，这些具体的里坊管理制度更加严格明确。

唐长安外郭城自中唐以后数经战火毁坏，到唐末唐昭宗天祐元年（904），被朱温彻底毁坏，以后五代、宋、元、明、清各代都在唐长安外郭城故址上加以营建，但规模和唐时相比都小了许多，其中明代所修规模较大，但实际上其面积还不到唐长安外郭城的七分之一。

唐长安外郭城布局在平原上，没有地形的阻隔，可以从容地按设计者的意图来布局，所以唐长安城规模宏大、规划齐整、布局平衡，但由于追求形式上的完美和整齐划一，在设计中也有许多不合理的地方。尽管如此，唐长安外郭城体现了我国古代城市建设方面的高度成就，并影响了周围的国家和地区，如日本古代奈良和京都的平城京与平安京，以及唐渤海上京龙泉府，基本上都仿照它的布局规划。

第二节
洛阳城

>>>

隋代以洛阳城作为东都，隋炀帝于大业元年（605）命杨素、宇文恺等人营造东都，而实际工作由宇文恺主持。新城选址在汉、魏洛阳故城西18里处，面积约45平方千米，南墙长7 290米，东墙长7 312米，北墙长6 138米，西墙有些迂回曲折，长6 776米。现探出南墙有三座门，正中定鼎门，西厚载门，东长夏门；东墙亦有门三座，正中是建春

隋唐洛阳城国家遗址公园

门。城内采用棋盘形街道布置和里坊，略如长安城，但其宫城位于郭城之西北角。这是出于实际的考虑，因洛水东西穿城而过，而且西北角是洛阳城地势最高的位置，在这里筑宫城可以居高临下，气势开阔，且无水患的担忧，而且有利于防御。宫城西面是东都苑，南面是皇城，北面有重城圆璧城，东面有东宫，为太子所居，东北面有含嘉仓城，内有含嘉仓，为储粮之所。宫城墙东西长 1 270 米，北墙长 1 400 米，南墙有凸出部分，长 1 700 米。城墙为夯土筑成，其基座厚度为 15 米左右，但西南角的城墙基座厚达 20 米，应是出于加强防卫的需要。皇城围绕在宫城东、西、南三面筑墙，宫城和皇城的墙都内外砌砖，皇城西墙长约 1 670 米。宫城北面有曜仪、圆璧两城。东城在宫城之东，内有东宫，东城东西长 330 米，南北约 1 000 米。在宫城东北有含嘉仓城，内有含嘉仓，为贮粮之所，东西长 600 米，南北约 700 米。自宫城端门以南的定鼎门内大街是洛阳城主干道，隋曰天门街，据记载："隋于天津桥南开大道，对端门，名曰天门街，阔百步，道旁植樱桃、石榴两行。

隋唐五代建筑雕塑史

自端门至建国门南北九里，四望城行，中为御道，通泉流渠映带其间，直南二十里正当龙门。"据现探测其路宽处在120米左右。城内里坊面积比长安城要小，大致成方形，划一方三百步（一里）的规格，与北魏洛阳城的闾里规格大致相同。从定鼎门东第一坊明教坊探测情况来看，坊内十字街宽约14米。罗城内有三市：丰都市、通远市、大同市。洛阳城正门定鼎门有三个门道，中间门道宽8米，左右两门道宽7米。东面的建春门也是三条门道，宫城的正门应天门，门左右突出巨大的双阙，阙与城门之间有城墙相连，整个平面呈"∩"形，这种形制和文献上所记载的"门有二重观""左右连阙"的情况比较一致，后来北宋东京的端门便是从这种形制演变而来。

目前通过皇城右掖门的挖掘，可推测洛阳城门的一般式样，右掖门亦有三个门道，门道间以夯土墙隔开，每个门道宽约6米，夯土墙厚3米，整个右掖门宽42米，门道深17.5米，用排叉柱子支撑上部的门过梁，柱间以砖墙填塞，柱础1米见方，中间有直径16厘米的圆洞，以木炭碎屑填塞，在东门道的十三处柱础石中有一处保存完整的门砧石、门枢石以及门槛下铺的石板。由此可知，当时城门是安在门道正中向内开启，当时版门的单扇尺寸一般为3.75×1.75米。此外，隋代在洛水之上建天津桥，据文献记载，以大船连以铁索，长130步，南北建起重楼4所，当系一种铁索浮桥。在宫城东北的含嘉仓城面积达42万平方米，城内含嘉仓以窖来储粮，东西成行，南北成列，最大的窖直径18米，深12米，最小的窖直径8米，深6米。窖的制法是先挖成以后，用火把四壁烘烤干，在地上铺以木板，板上铺以木席。窖顶类似于伞骨的木结构，在木结构上铺席加草束再抹泥。至唐代沿用含嘉仓，当时含嘉仓存储了天下一半以上的库粮。在武则天和唐玄宗时期含嘉仓储粮最多，大部分是从江淮运来。当时洛阳城的设计也比较重视交通运输的因素，如当时的三市通远市有洛水在其南，漕渠在其北，丰都市通运渠，大同市有通济、通津两渠相通。

隋洛阳城在唐武德四年（621）废弃，在唐显庆二年（657）恢复，宫城、皇城基本上没有变化。后来上元元年（674），韦机领将作少府，重新营建洛阳城，修整园林苑囿，修上阳、宿羽、高山等

洛阳城模型

宫，又在洛河北高坡上居高临下造一高馆，沿洛水连绵一里有余。在永昌元年（689），唐李昭德在洛水中桥建分水金刚墙，以解决防洪问题，垒方石为脚，做成迎水面，以尖角的墩子来分散水势。后来在长寿元年（692），李昭德筑洛阳外城。和隋代相比，东都苑的规模缩小了。据记载唐东都苑"北距北邙，西至孝水，伊洛支渠会于其间，周围一百一十六里，东七里，南三十九里，西五十里，北二十四里"。在东都苑的东部，唐乾封二年（667）修建上阳宫，"正门正殿皆东向，正门曰提象，正殿曰观风"。（《旧唐书·地理志》一）这应是为了与皇城相连，因为上阳宫东面便是皇城右掖门之南，上阳宫成为东都的正殿。除了宫城的改变以外，原洛阳的三市，唐迁通远市于临德坊，更加靠近城门，并改名北市。后来在长安年间（701—704），在北市的北面引漕渠，更加促进了其商业的繁盛，《元河南志》记载这一带"天下之舟船所集，常万余艘，填满河路，商贩贸易车马填塞"。北市附近酒家旅店林立，是当时洛阳最繁华之处。唐又迁大同市于固本坊，改名西市，丰都市改名南市，地点未变，但面积缩小了半个坊。除了这些之外，其他的里坊大都依旧。但唐以后由于武则天长期在洛阳执政，迁天下富商于洛阳，所以洛阳的繁华气象逐渐超过长安城。

唐长安外郭城南北 14 条街，东西 11 条街，白居易《登观音台望城》云："百千家似围棋局，十二街如种菜畦。"这种棋盘式的街道格局和方正的里坊形制，也同样体现在洛阳城的规划上。洛阳城纵横各 10 条街，面积要比长安城小（《长安志》记载唐京城外郭城周回约 33.5 千米，洛阳罗城周回 26 千米），里坊也小，但每坊亦划分为 16 区。唐长安城位于龙首原下，平原广漠，可以从容设计，西洛阳城横跨洛水，设计中更多地考虑了地形因素，而且洛阳城在建造时已经有长安城设计规划的先例可循，所以在给排水系统、道路设计上也更趋向合理。

隋、唐长安城和洛阳城设计完善，规模宏大，是我国古代城市规划的一个高峰，除了上文提到的对日本和唐渤海上京府设计城市的影响以外，当时唐州城，如南部的益州城和北方的幽州、云州城都仿长安和洛

隋唐洛阳城池图 丽正门

阳建立里坊制度。

据《长安志》记载唐时长安城内长安、万年两县共有人口八万户，这八万户包括许多人口众多的贵族官僚府第，此外还有寺庙道观里的僧道，教坊里的舞伎、乐工，加上常驻军队有 10 万余人，当时长安城人口过百万，是当时世界人口最多的城市。而且与各国及各民族之间的交流也日益频繁，在当时长安的两市里面都有外国商人所开店铺，以波斯人和阿拉伯人为主。洛阳城约有 100 个坊，人口众多。在南市有波斯胡寺和祆寺，外国商人也较多。而且洛阳的商业要比当时长安繁荣，在里坊内也有一些商店，如承福坊、玉鸡坊、铜驼坊、上林坊内的商业都比较繁盛，在坊中设置商业，是城市规划上的一个进步。当时对于商业的管理也比较有系统，市里的门有专门的官吏掌管，在市内设官署、置市会或市长管理，监督交易。另外还有专门负责治安的官吏，在市井的官署设市楼，楼有层，上有鼓，击鼓来通知开市和关门。这种和里坊制大致相同的宵禁制度，在唐代后期逐渐被突破，其首先发生于唐后期的扬州城。隋、唐时扬州城是南方最繁华的城市。隋、唐扬州城在城市规划上既代表当时除京都以外各地州府的形制，又有自己的特色，下面我们便介绍隋、唐时期的扬州城。

第三节

扬州城

>>>

扬州城是中国历史文化名城，建城已有二千五百年的历史，在公元前 486 年吴王夫差便开始筑邗城，公元前 319 年楚国筑广陵城，后经汉、东晋多次重筑。隋开皇九年（589）隋文帝统一中国以后，改称扬州城，并在扬州设总管府，唐代在扬州设大都督府。据记载唐扬州城分为子城和罗城。子城位于城的北部，是衙门官署集中的地区，故又称衙城。子城故址在今扬州城西北 2 千米处的蜀岗上，由于子城北墙曾发掘出土有篆书阴文"北门壁"戳记的晋砖和楷书阳文的唐砖和莲花纹瓦当，故可知唐扬州城是沿前朝吴、楚、汉、晋、隋的故址所建。子城为夯土筑墙，城门的城墙转角处以砖包砌，四周有城壕，子城的南墙与罗城的北墙相连接，成为罗城西北角上的突出部。罗城在子城南面，其城墙仅存残迹，罗城的具体位置尚难以具体确定。罗城亦称大城，是居住区和手工业、商业区。这种子城和罗城的规划是唐代驻有都督、节度使等重要州城的通制。唐代扬州城是当时淮南一带的政治中心，因而是个比较重要的城市，同时扬州城由于处于大运河与长江交汇点，位于交通要冲，因而商业、手工业也相当繁华。据记载唐扬州城有繁华的长街、夜市，说明当时扬州城已经突破了里坊制宵禁的局限。

第四节
唐渤海国上京龙泉府

>>>

唐渤海国龙泉府是仿唐长安城规划设计的城市，同时其城门和宫殿建筑又有其地方特点。渤海国是唐代以靺鞨族粟末部为主体建立的地方政权。上京龙泉府是渤海国五个京都之一，营建于 8 世纪中叶，遗址在今黑龙江省东安县的东京城镇，城市总面积约有 15 平方千米，由外郭城、皇城和宫城组成。外郭城东西长约 4 600 米，南北宽约 3 400 米，在城外有城壕，外郭城南北各有 3 门，东西各有 2 门，共 10 门。城内道路如棋盘状，南北向的道路 7 条，其中有 3 条通城门的干道，中轴线上的主干道宽 110 米，将城分为东西两区，东西向道路 6 条，有 3 条为干道，宽 78～92 米，其余几条宽约 28 米。东西二区各有里坊 41 个，呈矩形，大小不一，大坊东西宽465～530米，南北长350～370米，中坊宽亦在480米左右，长为235～265米，大坊分布在宫城、皇城两侧，小坊则分布在皇城以南地区。皇城位于外郭城北部居中，东西宽1050米，南北长约1390米，皇城正中是广场，面积为220×450米，东西两侧为官署区，广场北有横贯东西的横街，将皇城与宫城及禁苑隔开。宫城位于皇城中部，东西宽如皇城，南北长约720米，有南北向的宫墙将宫城分为东、中、西三部分，中部东西宽600米，是主要宫殿区，东部南半区为宫苑，北面用墙隔成东西长1050米，南北宽220米的夹城。西部至今还难以确定。整个城市规划大体上皆如长安城，只是城门形制不尽相同，城门中间的城门道宽5.5米，进深6.1米，门道两侧立木柱建门屋，门屋宽3.6米，木柱上架有木梁，推测在上面还应建有楼屋，这种二层木构建筑的城门与唐长安城不同，在其他地方也比较少见。唐渤海国上京龙泉府的规划，反映了唐代各民族间文化技术交流的情况，对研究唐城市规划有参考补充价值。

第二章

宫殿建筑

2

　　大兴隋宫建于隋开皇二年（582）宇文恺营建大兴城的时候，大兴殿为正殿，后来唐新创建大明宫取代了原本隋宫殿区，并把大兴殿改名为太极殿，我们将合并到唐宫廷建筑里讨论。在洛阳的隋宫有隋显仁宫，隋炀帝于大业元年（605）兴造，南接皂沟，北跨洛滨，发江南王岭奇材怪石以及海内珍禽异兽以实其中，还有避暑宫、飞仙宫、青城宫、并泉宫、景华宫、亭子宫、天仙宫和仙都宫。并泉宫又名润宫，周十余里，宫内多山草，重阜曲涧，秀丽非凡。在修造这些宫室时，由于当地没有大木材，往往从江西南昌（当时称豫章）运来。运木法是两千人牵引一柱，每日不过走 1 ~ 1.5 千米，一柱几乎用数十万工，劳民伤财。同年项升造迷楼，《古今诗话》云："炀帝时浙人项升进新宫图，帝爱之，在扬州依图营建。既成幸之曰：使真仙至此，亦当自迷，乃名迷楼。"《南部烟花录》亦云："帝在扬州坐迷楼，上安四宝帐，一曰散春愁，二曰醉忘归，三曰夜含光，四曰延秋月。"隋大业十三年（617），隋炀帝在常州造离宫，集十郡兵匠数万乃成，据记载离宫周围 6 千米，"有凉殿四，一曰圆基，二曰结绮，三曰飞宇，四曰漏景，环以清流，阴以嘉木，又仿洛阳西苑，环十又六宫于夏池，左曰丽光、琉英、紫芝、凝华、景瑶、浮彩、舒芳、懿乐，右曰采壁、椒房、明霞、朱明、翠仙、翠微、层城、千金，回廊复阁，飞艎击水，工艺精巧，丹碧绚丽"。离宫修成第二年，隋朝便灭亡了，唐基本保存了隋宫。唐龙朔二年（662）在长安修造大明宫，后来又有兴庆宫。上元元年（674）在洛阳营建上阳、宿羽、高山等宫。据记载，上阳宫又名西宫，"在洛阳宫城内西南隅，南临洛水，西临穀水，东接宫城，北连禁苑，宫内门殿皆东向，提象门，虹梁跨穀，列岸修廊，高宗以来居此宫听政。"除了上阳、宿羽、高山几宫外，其余宫基本为隋置。在这些隋、唐以来的宫殿中，最重要的，能够代表隋、唐建筑水平的就是唐大明宫。

第二节
大明宫

>>>

唐大明宫坐落在今陕西西安北 1 千米的龙首原上，在唐长安城外郭城东北的禁苑中，初建于唐贞观八年（634），是唐太宗李世民为其父太上皇李渊避暑所修夏宫，原名永安宫，后来建宫的工程未完，李渊便去世了，遂更名为大明宫，尔后在龙朔二年（662）唐高宗李治对其进行

西安大明宫遗址

了大规模的营建，并将大明宫改为蓬莱宫，后来又改名为含元宫，直到神龙三年（707）大明宫的名称才固定下来。

有关大明宫的情况在清朝徐松所著《唐两京城坊考》中有详尽的描述。

　　大明宫在禁苑东偏，旧太极宫后苑之射殿，据龙首山。南接都城之北，西接宫城之东北隅，亦曰东内。其城南北五里，东西三里。贞观八年置为永安宫，次年改大明宫，备太上皇清暑。龙朔二年，高宗病风痹，以宫内湫湿，命司农少卿梁孝仁修之，改名蓬莱宫。南面五门，正南丹凤门，其东望仙门，次东延政门，丹凤门西建福门，门外有百官待漏院，次西兴安门。东西二门，南为太和门，门外则左三军列焉。……北面三门，中玄武门，门外有飞龙厩，玄武之左银汉门，右凌霄门。

　　丹凤门内正牙曰含元殿，大朝会御之。殿之前廊有翔鸾阁、栖凤阁，阁下即东西朝堂，有肺石、登闻鼓、金吾左右仗院。阁前有钟楼、鼓楼。左右砌道盘上谓之龙尾道，夹道东则通乾门，西则观象门。含元殿后曰宣政殿，天子常朝所也。殿门曰宣政门，门外西廊为齐德门、兴礼门。其内两廊为日华门、月华门。日华门外为门下省，其东，弘文馆。又东，待诏院。又东，史馆。史馆北为少阳院。少阳院东有南北街，街北出崇明门，街南出含耀门，又南出昭训门。月华门外为中书省。省南为御史台，省北为殿中外院。殿中内院。院西为命妇院，后改为集贤殿书院。院西有南北街，街北出光顺门，街南出昭庆门，又南出光范门。殿东西皆有上阁门。宣政殿后为紫宸殿，殿门曰紫宸门，天子便殿也，不御宣政而御便殿曰"入阁"。紫宸之后曰蓬莱殿，西清晖阁，其北太液池，池有亭。龙首之势，至此夷为平地，而蓬莱之西偏南余有支陇，因坡为殿，曰金銮，环金銮者曰长安、曰仙居、曰拾翠、曰含冰、曰承香、曰长阁、曰紫兰。自紫兰而东，则太液池北岸之含凉殿，玄武门内之玄武殿也。由紫宸而东，经绫绮殿、

┃ 大明宫含元殿遗址 ┃

🔺 唐长安大明宫建于太宗贞观八年（634），是唐代主要朝会宫殿之一。含元殿是大明宫前殿，遗址现已发掘并经复原。殿在台地南缘，高出平地雄踞于全城之上，前景开阔，宏大辉煌，反映了大唐盛世的建筑艺术水平。

浴堂殿、宣徽殿、温室殿、明德寺，以达左银台门。银台门之北为太和殿、清思殿、望仙台、珠镜殿、大角观，则极于银汉门。由紫宸而西，历延英殿、思政殿、待制院、内侍别省，以达右银台门。银台门之北为明义殿、承欢殿、还周殿、左藏库、麟德殿、翰林院、九仙门、三清殿、大福殿，则达于凌霄门。宫垣之外，两边有披门，门内有凝霜殿、碧羽殿、紫箫殿、郁仪阁、承云阁、修文阁。九仙门之外有斗鸡楼、走马楼。

思贤殿、会宁殿、咸泰殿、天福殿、长生殿、文明殿、寿春殿、中和殿、乞巧楼、仰观台、含春亭、南亭院、仙韶院、柿林院、宣化门、玄英门、玄化门、球场门、乾福门……

由上文可知大明宫内整体布局是按照前朝后寝的古制，正门（南门）为丹凤门，正殿为含元殿，从丹凤门到北面玄武门为中轴线。在中轴线上由南至北有含元殿、宣政殿和紫宸殿，含元殿为正殿，宣政殿为日朝。含元殿是唐王朝举行朝会、册封、改元、大赦、受贡、献俘等大典的地方，而朔望大册拜在宣政殿。在宣政殿两侧，左右对称地设置一些重要衙署，如中书省和门下省。在北部的玄武门内，引漕渠水入太液池，在池周围布有殿阁楼台，应是大明宫的内廷，供帝后嫔妃居住游宴。太液池之西南有麟德殿，是皇帝宴饮群臣、观赏歌舞之处，同时也是接见外国使节和少数民族领袖的地方。据统计共有 21 个门，24 个殿，4 个阁，4 个省，以及 10 个院。宫城南墙有 5 个门，东西墙各有 2 个门，北面有 3 个门。目前宫内已探得殿亭遗址 30 余处，绝大部分在宫城北部，含元殿、麟德殿、翔鸾及栖凤两阁、太液池、蓬莱亭等遗址尚可辨识。

根据探测的结果，大明宫西墙长 2 256 米，北墙长 1 135 米，东墙由东北角起向南偏东 1 260 米，再东折 30 米，再南折 1 050 米，与南墙相接。南墙实际上是郭城的北墙，在大明宫内的长度为 1 674 米，宫城全周长 7 628 米，面积约 3.2 平方千米，在北墙之北 160 米处和东、西墙外侧约 50 米处，发现了与城墙平行的夹城。整个大明宫的平面南宽北窄。

大明宫的宫墙以夯土筑成，墙角和城门包有青砖，宫墙底宽 10.5 米，东、西、北三面夹城基底宽 3.5 米。大明宫的正门丹凤门设三个门道，其余均为一个门道，各门中北门玄武门墩台宽 33.6 米，深 16.4 米，中间开

5.2 米宽的门道，在不到 100 米的地方还设有重门、重玄门，防范森严。

含元殿是大明宫的正殿，建于龙朔二年（662），其遗址位于丹凤门正北 610 米处的龙首原南沿上。殿基高出地面 15.6 米，殿面阔 11 间，进深 4 间，各间宽 5.2 米，殿外绕以宽 5 米左右的副阶。殿后、左右三面夯土筑厚 1.3 米的土墙，殿基东西宽 75.9 米，南北长 41.3 米。殿基前设龙尾道，周殿基高出地面 10 余米，因此在殿前培土砌砖，修三条平行的阶梯和斜坡相间的砖石踏道以达于地面。踏道长 70 余米，中间一条宽 25.5 米，其余两条宽 4.5 米，中间与两侧的踏道间距约 8 米。踏道分三层，上层高 6 米余，中下层各高 1.55 米，诸曲七转，各有小的阶级。踏道旁有青石扶栏，由丹凤门北望，见踏道俨若龙行而垂其尾，故名之为龙尾道。含元殿与在其东南和西南的翔鸾、栖凤阁以飞廊相连，翔鸾阁和栖凤阁的台基高出地面 15 米，周围并包砌 60 厘米厚的砖壁，李华在《含元殿赋》里形容其道："左翔鸾而右栖凤，翘两阙而为翼。"

含元殿作为大明宫的正殿，其地位可能仅次于明堂。天堂属于第一级的大殿，但考证其柱距尺寸不过 5 米有余，殿内最大跨距也不超过 4 椽，平均长度在 8 米左右，和上文提到第二等级的佛光寺大殿相差无几。说明一方面当时木构分级限制不是很严格，另一方面说明虽注重整体规模，但不强调各单件构件尺寸。到了宋代以后，等级限制严格了许多，而且跨距加大，有 5 椽或者 6 椽出现。

含元殿的面积约 2 000 平方米，大明宫内另外一个比较重要的殿是

西安大明宫含元殿（仿）

麟德殿，面积 4 630 平方米，兴建时间比含元殿稍晚，建于唐高宗麟德年间，故名麟德殿。麟德殿遗址位于太液池西隆起的高地上，西距宫西墙仅 90 米，东西宽 77.5 米，南北长 130.4 米，分上下两层，共高 5.7 米，台基以夯土筑成，周围砌砖壁，下面绕敷散水砖。台基上由南到北有前、中、后三大殿相连，故又名三殿。前殿面阔 11 间，约 58 米，进深 4 间，前有副阶，中殿面阔与前殿相同，进深 5 间。后殿面阔同前，进深 3 间。后殿之后另外附有面阔 9 间、进深 3 间的建筑物，全部建筑通长约 85 米。中殿左右各有一亭，称为东亭和西亭，后殿左右各有一楼，据《雍录》卷四记载："麟德殿东廊有郁仪楼，西廊有结麟楼。"殿与楼、亭之间有回廊相连，这种在殿后建楼，楼前有亭，以衬托大殿的结构布局方法，在唐代也比较常见，如莫高窟里第 423 窟画弥勒菩萨所居之兜率天宫，大殿开 5 间，两侧各有一座 3 层楼阁，可以为证。

麟德殿前殿和中殿以及中间的过道都铺以对缝严密的磨光矩形石块，中殿以墙隔为左中右三室，后殿与其所附建筑物地面皆铺以方砖。麟德殿总面积有 4 630 平方米，超过后世所有的木结构建筑，据《册府元龟》卷 110 记载"大历三年（768）……宴剑陈郑神策军将士三千五百人"于三殿，可见其规模之大。如此壮观的设计，反映了初唐建筑水平的提高。

第三节
兴庆宫

>>>

自开元以后，规模最大的宫室修筑工程便是唐玄宗李隆基主持兴建的兴庆宫。兴庆宫遗址在今西安市和平门外咸宁路北之兴庆公园，原是唐玄宗李隆基藩邸，是其兄弟五人的住宅。开元二年（714）以隆庆旧

兴庆宫

宅改建为离宫，因避玄宗讳，故改称兴庆宫。后开元十四年（726），又合并周围邸院和寺院，重加修建，谓之南内，有兴庆殿、大同殿、南熏殿、花萼相辉楼、沉香亭等主要建筑。当时兴庆宫与大明宫、太极宫之间有夹墙阁道相通。从今天遗址发掘情况来看，兴庆宫东西宽1 080米，南北长1 250米，呈长方形，正门兴庆门在西墙北部，宫内以隔墙分隔为南、北两部，北为宫殿区，南为园林区。南区正中为一个东西915米，南北214米，面积达1.8万平方米的大水池——龙池。龙池呈椭圆形，其西南发掘出多处建筑遗址，当时唐玄宗多在这里处理政务，接见外国使者。

从兴庆宫通向大明宫的夹道，建于开元十四年（726），外傍郭城东墙而建，而在开元二十年（732）又外傍郭城东墙建兴庆宫通曲江芙蓉园的夹城。据文献记载："唐明皇治兴庆宫，附外郭，为复道，名夹城，宣宗南开便门，自芙蓉苑入青龙寺。唐人诗云：六龙六幸芙蓉苑，十里飘香入夹城。"现发掘结果表明，夹道墙与唐长安外郭城相距有23米，

┃ 大明宫微缩景观 ┃

与其平行，但近城门处缩小到 10 米左右，向东斜。另外尚发现登城楼入口建筑物的遗址，版筑异常坚固，其夯土硬度甚至超过了郭城。

由于宫城是封建社会政治中心，所以宫廷建筑有许多地方考虑到了政治斗争的需要，如大明宫北门玄武门在各门中墩台最厚，而且在不到 100 米的地方又修建重门、重玄门。如此层层防范，不能不联想到初唐时发生在旧宫城内的玄武门兵变。公元 626 年 6 月，当时的秦王李世民在玄武门伏兵杀死与之争皇位的太子李建成和齐王李元吉。所以后来修造大明宫的时候，唐统治者便考虑加强防范，以防兵变的发生。而武则天执政初期，把朝会正衙从原来的太极宫移到大明宫，也因大明宫地势较高，便于防守，也便于观察长安城内的情况。另外因大明宫内尚有余地，可以根据形式需要，建新的殿堂。原来的太极宫地势较低，不利于防御。如韦述著《两京新记》里说，建大明宫时，"命司农少卿梁孝仁充使造此宫，北据高岗，南望爽垲，终南如指掌，坊市俯而可窥"，也是出于政治考虑。

在洛阳，隋朝时的宫殿主要有乾阳殿，殿基至鸱尾高270尺（90米），面阔13间，29架，三升柱，大24围，倚井垂莲，仰之者眩曜。其次是大业殿，规模小于乾阳殿，但雕梁画栋，精美则超过乾元殿。又有文成殿、武安殿在大业殿东，在二殿内并种枇杷、海棠、石榴、青桐及诸名药异卉。元靖殿是贮藏书的地方，其他的殿有仪鸾殿、含景殿、曲水殿、清暑殿。其中曲水殿位于曲水池之间，清暑殿南有通仙桥、百尺涧、青莲峰。

到了唐时，洛阳宫城内主要宫殿有修文殿，是藏书之殿。洛城殿，武则天曾策贡士于此，殿试贡士便自此开始。流杯殿，在丽春堂北，有东、西两廊，南至丽春台，北连弘徽殿，两头皆有亭子间，以山池自作漆渠九曲。其他的殿还有武成殿、紫宸殿、甘露殿、成象殿、永宁殿、观风殿、集贤殿、摇光殿、亿岁殿、同明殿、长生殿、德昌殿等。

后来在垂拱四年（688），武则天于洛阳建明堂。据《旧唐书》记载："垂拱四年二月庚午，毁乾元殿，于其地作明堂，以僧怀义为使，凡役数万人。十二月辛亥，明堂成。高二百九十四尺，方三百尺，凡三层，下层法五时，各随方色；中层法十二层；上为圆盖，九龙捧之，上施铁凤，高一丈，饰以黄金。中有巨木十围，上下通贯，栭、栌、橕、榱，籍以为本。"明堂高86米，三层：下层方形每边88米，占地7 744平方米，中层十二边形，上层二十四边形，圆顶。明堂周旋铁渠以为辟雍之象，号万象神宫。

上文所说以栭、栌、橕、榱为依托的上下贯通的巨木，实际上即是中心柱，这是古代多层木构的一种形式，也是南北朝时期木塔结构的主要形式之一，而明堂这种形制也保留了许多南北朝木构的传统技术。在隋朝统一以后，决定恢复明堂制度，而对于明堂的形制难以确定，后宇文恺受命规划明堂，到不久以前南朝的首都建康考察，回来后叙述说："梁武即位之后，移宋时太极殿以为明堂……犹见焚烧残柱，斫毁之余，入地一丈，俨然如旧。柱下以樟木为附，长丈余，阔四尺许，两两相并"[1]。这里说到木柱入地一丈，柱下以樟木为附，这种栽柱入地的方法，

---

[1] 见《隋史·宇文恺传》。

即《营造法式》中所说的永定柱，其上可以建立平座和上部殿身木构。从大明宫含元殿和麟德殿遗址中，亦可以见到这种栽柱入地的方法。

后来明堂在武则天天册万岁元年失火，后重修。在天授二年（691）又造天堂，以安佛像，有5层，高达百余尺，不久被大风吹倒，又重建，仍未成功。

除了长安大明宫麟德殿被称为三殿之外，在当时洛阳宫城里还有一个五殿，据《元河南志》记载"下有五殿，上合为一，亦荫殿也"。这种荫殿的形制似乎上为楼台殿阁，下为奥室，比较复杂。《元河南志》记载在洛阳还有一处"阊阖阁在映日台东北隔城之上……下有荫殿，东西二百五十尺，南北二百尺，壁前后三丈"。

唐长安大明宫在唐末被朱温毁坏，又经重建缩小长安城时拆毁，成了废墟。兴庆宫在唐末朱全忠强迫唐昭宗迁都洛阳以后毁损。

在同时期，宫殿尚有渤海国上京龙泉府内的宫殿区，宫殿在中轴线上排列了六进宫殿庭院。前部三座大殿庭院宽广，第一进庭院南北达170米，东西达140米，庭院两侧围以回廊，第三、第四座大殿之间分成两个院落，可能是二字殿的形式，有的殿中使用了火炕，为同期中原所未见。宫苑占地约10公顷，中央有一方圆形大水池，面积约2公顷，池中有两座建筑，池东西两岸堆成小山，池北部地势稍高，有一条曲廊，池南部地势平坦，也有一些建筑遗迹。

唐代的宫廷建筑气势宏大，结构精美，表现出了高度的建筑技术水平。

第三章

陵墓建筑

3

　　六朝以后至隋、唐间，一般流行的墓的形式是土洞墓。具体做法是从平地向下挖长而斜的墓道，通到墓室，墓室或墓道之间有时凿有天井，象征着庭院，一般天井下两侧有壁龛，内陈陶器等杂物。后来唐代各帝王的陵墓，从唐太宗李世民的昭陵开始，不再建在平地上，而是利用地形，穿山凿石，从山腰凿倾斜夹道一直通向里边，再开凿石洞，营造寝宫。唐朝18处陵墓中，仅献陵、庄陵、端陵位于平原，其余的都是因山起坟，这种因山为坟的做法，是唐与以前各朝陵墓制度的主要不同之处。把陵墓建在山丘上同建在平原上封土为坟相

| 昭　陵 |

🔺 唐太宗以九嵕山建昭陵，并诏令子孙"永以为法"，开创了唐代帝王陵寝制度因山为陵的先例。其是初唐走向盛唐的实物见证，是了解、研究唐代乃至中国君主专制社会政治、经济、文化难得的文物宝库。

比，前者可以借助山峰来突出重点，渲染气氛，在气势上更加居高临下，且雄伟开阔，更加地突出了封建帝王唯我独尊的思想，也便于陵园的排列布局。

　　唐朝的开国皇帝唐高祖李渊，卒于唐贞观九年（635），其陵墓在今陕西三原县城东25千米处的土原上，封土堆呈覆斗形，高约13米，长宽都在100米左右，陵前的装饰有大型的华表、石屋以及犀牛、虎等动物石刻，说明此时陵墓和前代相比，尚没有很大变化，陵前石像的组合也还未成定规。后来，在唐贞观十一年（637），葬唐太宗李世民的妻子长孙皇后时，可能是因为长孙皇后死前曾提过觉得自己生前对于国家没

有什么贡献，死后更不愿自己的坟墓占有用的平地，因此希望把墓修在山上这个愿望。也因唐太宗喜爱九嵕山的景色，据《唐会要·卷二十》载："贞观十一年，唐太宗在宫城（大明宫）上遥望九嵕山曾说过：'昔汉家皆先造山陵……朕看九嵕山孤耸回绕，傍凿可置山陵处，朕实有终焉之意。'"因此，从贞观十一年开始营建昭陵，至贞观二十三年唐太宗李世民下葬于此为止，前后经过了13年。九嵕山位于今陕西礼泉县城东北22千米处，海拔约1 200米，东西两侧山峦起伏，更衬托其高耸突兀。陵园周围约有60千米，正南面山下有朱雀门和献殿，山北面有玄武门和祭坛，西南有下宫，陵园内有陪葬墓200多座，多为皇室宗亲以及功臣如李勣墓、李敬墓、尉迟敬德墓、魏徵墓等。

在祭坛内列有阿史那社尔、吐蕃赞普弄赞、高昌王麹智勇、焉耆王龙突骑支等14国君主石刻像、列像以宣扬唐朝国威，炫耀武功，也反映了一些当时民族交流的情况。在东西两庑内原有六匹石刻骏马，称

"昭陵六骏"，是我国文化史上的艺术瑰宝之一。"昭陵六骏"是唐太宗在平定天下历年征战中曾经立下赫赫战功的六匹战马，为了纪念它们的功劳，唐太宗命画家阎立本绘图，请匠人雕刻，并于贞观十年十一月，亲自写四字赞言，命欧阳询以八分书书之。这六匹战马名为飒露紫、拳毛䯄、白蹄乌、特勒骠、青骓、什伐赤。其中以飒露紫为代表作，表现的是唐太宗于武德四年（621）在洛阳与王世充部激战的情形：唐太宗李世民骑飒露紫，率精兵数十名入敌阵冲杀，坐骑飒露紫前胸中箭。在此危急关头，随将丘行恭杀过来，将自己的战马让给李世民，而他自己立于飒露紫之前执着马缰绳拔去马前胸所中之箭，而后一手牵马，一手执刀，"巨跃大呼，斩数人，突阵而出，得入大军。"此块浮雕所表现的正是丘行恭为马拔箭治伤的情景。此浮雕采用了写实的手法，其中马的偏鬃结尾，系缰覆鞍的样子，几乎和现代的马相同，马的各部分比例得当，和以前石雕石刻古拙质朴的特点相比，风格上有了很大的改变。一方面说明了这时期的画师和匠人逐渐掌握了解剖的比例，在雕塑手法上已经成熟，另一方面反映了审美观念转向追求华美、精致以及流畅的风格。唐太宗为飒露紫题写赞诗四句："紫燕超跃，骨腾神骏，气夐三川，威凌入阵。"另外几匹战马中，拳毛䯄是表现骏马身中数箭，依旧英勇前行的样子；特勒骠是唐初武德二年间，李世民在收复被刘武周、宋金刚所据的河东和太原时所乘战马，题诗云："应策腾空，承声中汉，入险摧敌，乘微济难。"其他三匹战马白蹄乌、青骓、什伐赤是表现战马在沙场上飞奔之态，姿态各异，雕刻生动。在这些马的形象刻画上，能够抓住重点，突出特征。由于在题材上突破了以前陵墓雕刻中常见的有祥瑞色彩的石人石兽，而以生活中比较常见的马作为对象，因此对于雕像各部分比例结构的掌握更加准确。此外，还突破了以往表现静态而且肃穆的表情，在浮雕上表现出马飞奔的姿态。做到这一点，要求对于马肌肉运动的状态有细致的观察和简练的处理，以突出其特点。在这一点上，"昭陵六骏"抓住了马的眼、鼻、蹄等关键部位着意处理，以突出其运动的状态和神情，取得了很大成功。遗憾的是"昭陵六骏"中的飒露紫和拳毛䯄二骏于1914年被盗运至美国，现存费城宾夕法尼亚大学博物馆，其余四骏也于1918年被打碎准备运走，由当地人民发现以后追回，现存西安碑林石刻艺术馆中。

唐太宗李世民在初建昭陵时，就昭示功臣密戚以及德业佐时者予以陪葬，以后更允许臣僚申请陪葬，子孙从父祖而葬，因此在昭陵的陵园内有墓冢200多座，比较著名的有李勣墓、尉迟敬德墓、李靖墓、魏徵墓等。

李勣原名徐世勣，字懋功，因战功赐姓李，后因避李世民讳，改单名。此墓独特之处在于墓为三个相邻的大夯土堆，象征阴山、铁山、乌德鞬山，以表彰李勣破突厥、薛延陀之功。墓前有石人石兽并有一块碑石，高约7.5米，宽1.3米，厚0.7米，在昭陵陪葬墓之中是最大的，唐高宗撰写碑文。

李靖墓也是东西并列的三个高大的夯土堆，只是其形是东断西连。根据《旧唐书·李靖传》记载："十四年，靖妻卒，有诏坟茔制度依汉卫、霍故事，筑阙象突厥内铁山、吐谷浑内积石山形，以旌殊绩。"

| 陕西昭陵陪葬墓 |

魏徵墓在昭陵西南约 3 千米处的凤凰山，在山的南面起坟，其墓前碑首造型为蟠桃纹，不类旧制，据《旧唐书·魏徵传》载："帝亲制碑文，并为书石。"

尉迟敬德墓在李勣墓西约 300 米，墓为夯土堆，呈圆锥形，直径 26.5 米，高 11.2 米。墓前墓碑高 4.45 米，宽 1.5 米，厚 0.5 米，方形座，六螭碑首，碑侧饰蔓草减地浮雕，墓碑仅次于李勣碑。

昭陵寝宫据《礼泉县志》记载："唐太宗昭陵寝宫也，在九嵕山陵之右腋，后经野火宫焚，贞元十四年（798）欲复置，山高无水泉，苦于供役，廷臣集议移至瑶台寺去陵十八里。"而要了解寝宫内的情况则要看《新五代史·温韬传》，因为史载耀州节度使温韬"在镇七年，唐诸陵在其境内者，悉发掘之，取其所藏珠宝"。在《温韬传》里记载了昭陵寝宫里面的样子："韬从埏道下，见宫室制度闳丽，不异人间，中为正寝，东西厢列石床，床上石函中为铁匣，悉藏前世图书，钟王笔迹，纸墨如新，韬悉取之，遂传人间。"

第二节
乾 陵

>>>

昭陵代表了唐初的陵墓建筑水平，并起因山起坟之先例，到乾陵则达到了唐陵墓建筑的高峰，也反映出盛唐的繁荣气象。

乾陵在陕西乾县城北梁山上，是唐高宗李治与女皇武则天的合葬墓。唐高宗于文明元年（684）葬于乾陵，武则天于神龙二年（706）葬入乾陵。乾陵所处的梁山有三座山峰，以北峰最高，南面的两座山峰相对低一些，左右对峙，乾陵的地宫就在北峰下面。乾陵地宫内部的情况由于没有挖掘，目前尚不清楚，是用石条封砌，长方形的石条交错砌

乾陵是陕西关中地区唐十八陵中主墓保存最完好的一个，也是唐陵中唯一一座没有被盗的陵墓。乾陵是唐代"依山为陵"纪念性建筑工程的杰作，是唐高宗和武则天的合葬墓。秦汉以后，皇帝、皇后多不合葬，而乾陵夫妻"二圣"合葬墓独树一帜。

压，石条之间的平面用铁三角扣卡，上下用铁杆贯穿牢固，坚固异常。上文所提的五代耀州节度使温韬也试图挖掘过乾陵地宫，但因坚固不可破，未能得手。地宫外面围绕地宫和主峰的陵墙界近似于正方形，四面都发现有门的遗址，据记载北门为玄武门，南门称朱雀门，东为青龙门，西有白虎门。此外，在陵墙的四角上还都有角楼，北门还有翼马雕像，在靠近朱雀门的地方有献殿的遗址，献殿是用来祭祀的地方。出了陵墙从朱雀门向南便是一条神道，神道长约4千米，从地宫墓门铺出，沿路两旁有华表、石人、石兽、碑、阙等雕像和建筑，分成三道门。出了朱雀门便有一对石狮、一对石人，再向南有东西二阙的遗址，二阙门内左右排列番酋长像，外有无字碑和述圣记碑，再向南沿途有石人10

对，石马5对，朱雀1对，飞马1对，华表1对。到了南面两座山峰上，有土阙遗址，在上部还保留着一段砖墙，在两个土阙之间有些挖掘出的瓦砾，此处应该是第二道门的遗址。在两座山峰前面有东、西两座阙的遗址，此处应为第一道门。在乾陵东南有陪葬的王公大臣墓冢17座，现已发掘比较重要的有永泰公主李仙蕙之墓、章怀太子李贤之墓、懿德太子李重润之墓、中书令薛元超之墓、右卫将军燕国公李谨行等5座墓葬。

到了唐代，陵墓的石刻在陵墓建筑中已经成为表现陵墓气势的重要手段，而依山建陵，居高临下的地形更有利于安排布局。汉代修建于平原上的陵墓石刻，主要是在一个相对封闭的空间里的平面的构思，相对而言各组石人石兽等石刻之间都是呈静态的和谐，节奏的变化通过各组石刻之间的排列的距离及高低来完成，但在总的框架里是封闭的，自给自足的，静止的。而唐代陵墓依山而建，从外部的陵界到位于山腰的陵

| 乾陵石马道 |

中心建筑寝宫，地势由低而高，依次上行，在气势上便有渲染气氛、逐步推向高潮之作用，更能突出重点。乾陵石刻在这方面是成功的典范，在几千米长的神道上，从外至里依次排列了石柱1对，翼马1对，朱雀1对，石马5对，石人10对，石碑2方，番酋长像61人，狮1对。在这里，陵墓石刻已经组群化，制度化，其高潮显然是反映文治武功的二座石碑：述圣记碑和无字碑。通过从陵园入口处石人石兽石柱之间距离远近，高低不同的寓于节奏变化的安排，利用地形，到二碑前达到了高潮，这种利用时间来完成空间结构，在空间结构上充分利用高低、横竖、线面、疏密等形制来产生节奏感和韵律感，是符合陵墓雕塑功能最好的范例。此后唐代各陵及宋、明、清的陵墓，均沿用这一形制。从陵墓雕塑角度看，以后各朝各代再也没有超过乾陵，而且乾陵石刻以坚硬的石灰岩雕成，经过一千余年的风吹雨打，仍巍然耸立，代表了唐朝陵墓雕刻的最高成就。

乾陵的石狮共有8只，高3.85米，长3.32米，做蹲踞状，形体高大，昂首挺胸，前肢挺拔，肌肉突出，巨头卷毛，突目隆鼻，阔口利齿，使人望而生畏。蹲狮侧面轮廓呈三角形，高耸而安稳，把那种踞坐雄视，高傲而睥睨一世的威势，刻画得淋漓尽致。

在乾陵中还有鸵鸟的石刻，是唐朝石雕中最早出现的鸟类，以浮雕的形式刻在板状石面上。鸵鸟原产于北非，后传到中亚，汉、唐时期伊朗、阿富汗等地以及新疆少数民族都曾送鸵鸟到长安来，为了纪念这种友好往来，便把鸵鸟雕刻于帝王陵前。乾陵神道上的这对鸵鸟石雕，个体高大，简洁朴实。

唐乾陵的翼马，在造型上采取了写实性与装饰性相结合的方法，头部表情生动，刻画细致，双翼以流畅的线条予以装饰化的处理，通过在胸腹部略为夸张的处理，使写实性与装饰性十分和谐地统一在一起。从整体上来看，造型仍偏重于写实，形象生动、活泼、有力，神怪色彩并不浓。

乾陵的61尊外国首领和少数民族的石雕像，据《唐六典·主客郎中员外郎》中记载，高宗时与70余国有友好往来关系，在武则天主持高宗葬礼时有少数民族首领和外国使节来参加，武则天为了述其事便将

隋唐五代建筑雕塑史

乾陵翼马

乾陵蕃臣石像

乾陵述圣纪碑

石人雕像刻立在神道上，石雕像如真人大小，着装是紧袍袖，束宽带皮靴，双手前拱，是研究当时民族往来情况的珍品。

　　唐乾陵神道布置的高潮是述圣记碑和无字碑。述圣记碑记述唐高宗的文治武功，因碑有七节，故又名七节碑，是取日、月、金、木、水、火、土七曜之意，将高宗的文治武功比如七曜。碑头是庑殿式的石刻顶盖，碑文是武则天撰写的，唐中宗李显书写，共计 8 000 余字，以金字书成。无字碑碑身用完整的巨石雕刻成，高6.3 米，宽 2.1 米，厚 1.5 米，重 98 吨左右，高大壮观而上面无刻一字，

乾陵无字碑

碑头刻 8 条缠绕的螭首，碑侧则线雕大云龙纹。关于碑上为什么一个字也没有，有许多说法：有人说是取是非功过后人评说之意；有人说是表示武则天功高莫名，无法用文字评述之意；但也有人说是因为后来的唐中宗李显难以给武则天定称谓，是称之为后还是皇帝。

第三节
其他陵墓及墓碑

>>>

　　唐乾陵地宫的情况由于目前还没有挖掘，所以尚不清楚，可以参照的是乾陵陪葬墓之一永泰公主墓的情况。永泰公主墓在陕西乾县北原，永泰公主李仙蕙，字秋辉，是唐高宗和武则天的孙女，是唐中宗的第七女，嫁给了武则天的侄子武承嗣的儿子武延基，永泰公主死于大足元年（701），时年 17 岁。后来于神龙二年（706）与驸马都尉武延基合葬于乾陵北原。现存地上部分是一个高约 11 米的梯形夯土台，夯土台四周有围墙遗址，在围墙四角上有角楼遗址，在墓的正南有两座阙的遗址。阙前有一对石狮，两对石人，一对华表。墓地下部分由墓道、过洞、天井、甬道、墓室等构成，全长 87.5 米，墓道顺斜坡向下两壁绘有龙虎、阙楼和两列仪仗队。甬道为砖铺砌，顶部绘宝相花平綦图以及云鹤图。墓室分前后两个墓室，绘有人物题材的壁画，在墓室的穹隆顶上绘有天象图。另外还出土壁画、陶俑、石刻、陶瓷器以及各种金属随葬品 1000 余件。

　　其他两座重要的墓是章怀太子墓和懿德太子墓。章怀太子墓在陕西乾县城北 3 千米处，章怀太子名李贤，是唐高宗和武则天的次子，曾经先后被封为潞王、雍王。在上元二年（675）被立为太子，5 年后被武则天废为庶人，贬到了巴州（今四川巴中市），后在文明元年（684）

被武则天赐死，年仅31岁。神龙二年（706），李贤灵柩由巴州迁回长安，陪葬乾陵。景云二年（711）追封李贤为章怀太子，妻房氏与之合葬。此墓是斜坡土洞砖室墓，由墓道、过洞、4个天井、6个便房、甬道、前室和后室组成，墓全长71米，宽3米，深7米。墓内有壁画400余平方米，计有《出行图》《马球图》《演奏图》《侍女图》《观鸟捕蝉图》《迎宾图》等50多幅，反映了李贤的生活场景和当时的一些社会风俗、经济文化活动的情况，为研究唐朝的社会制度提供了珍贵的资料。此外，墓内还出土了陶俑和三彩器600余件。

懿德太子墓在陕西乾县县城北原，距县城西北3千米的韩家堡，懿德太子李重润是唐高宗和武则天的孙子，唐中宗长子，卒于大足元年（701），年仅19岁。神龙二年（706）由洛阳迁来陪葬乾陵，现在地面上还存有封土堆和围墙，围墙的南面原有石狮一对，石人二对，石华表一对，现在一只石人只残留底座，石华表也已残毁，倒塌后埋入地下。墓是斜坡土洞砖室墓，由墓道、过洞、天井、小龛、甬道、墓室所构成，全长100米，有出土壁画、陶俑、石刻、陶瓷器以及各种金属随葬品1000余件。

和乾陵大约同处于一个时期的还有顺陵，顺陵是唐女皇武则天母亲杨氏之墓，杨氏死于唐咸亨元年（670），当时只是以王礼下葬，称墓而未称陵，后来武则天即位后于永昌元年（689）追尊其父为孝忠太皇，其母为孝忠太后，于是改墓为明义陵。在天授元年（690）再改其父为太祖孝明高皇帝，母为明高皇后，改明义陵为顺陵。后在唐景云元年（710）和先天二年（713）曾经两次废除陵的称号，但后人仍习称为顺陵。顺陵在今陕西咸阳市东北18千米的陈家村南，占地面积110万平方米，略呈长方形。原本有两层围墙，现在均已经坍塌，只存遗址。陵园有4个门，东、西、南、北各有一门。陵墓在北半部，底部为方形，占地约3亩，有石人、石羊、石马、石蹲狮、走狮、石独角兽等30余件石刻，有碑一块，为武三思撰文，唐睿宗李旦书，文中有许多是武则天所创造的新字，现存7块。

顺陵的石刻气派宏大，除了成对的石狮以外，又有天禄、辟邪、独角兽等祥瑞的石兽石刻。在雕刻工艺水平上以顺陵的立狮为代表。在

｜陕西顺陵｜

顺陵南门的立狮，雌雄各一，其雄狮堪为代表，雄狮高约2米，头部比例略加以夸张处理，更能表现其气势。其阔鼻，怒目圆睁，目光投向远处，现出高傲而凛然不可侵犯的皇家气度，其叱咤长吼之状使人敬畏。整个狮的头部翘然挺拔，显出昂扬的气势，狮子背、腰、身躯各部分形体浑然厚实，四肢粗壮，胸部开阔饱满，透出内在的力度。从空间处理来看，整个石狮的造型是在正方形的框架内，方中见圆，圆中又有方，正视如鼎，后视如钟。体态稳重而内含力度，气势宏大而雕刻精致，在雕塑手法上做到了主次分明，重点突出，动静结合，特征明显，是写实性和装饰性的和谐的统一，堪为唐代石刻艺术的精华。

其他比较有特色的唐代陵墓还有崇陵、定陵、建陵和惠陵。惠陵在陕西蒲城县城西北约4千米的三合村，是唐睿宗长子李宪的陵墓。因为李宪把帝位让给了他的弟弟李隆基（唐玄宗），所以又称他让皇帝。惠陵呈覆斗形，陵高15米，直径30米，陵前有石碑、石马及石狮等石刻，当地称之为让冢。

建陵在陕西礼泉县城东北15千米的武将山上，是唐肃宗李亨的陵。唐肃宗李亨于宝应二年（763）葬于此陵，其形制皆如其他陵，陵前石刻精美异常，和其他诸陵相比体形要小一些，由于建陵地处深山，交通不便，故陵前石刻所受破坏较少，保存也比较完整。

崇陵是唐德宗李适的陵墓，在陕西泾阳县云阳镇北约10千米的嵯峨山，陵冢用方形和长方形的石块迭砌，在石板上凿出凹槽，卡有铁栓板，再在上面浇灌生铁汁，颇为坚固，但虽如此，仍然不免被盗掘过。陵冢处于山坳中，并有流水环绕，据旧志载崇陵封内20千米，可见其占地之广。在陵园的东、西、南、北四门均有石刻，现只有华表、天马、鸵鸟、石人、石马等残留，但依然可见其雄伟之貌。

定陵是唐中宗李显的陵墓，唐中宗李显于景龙四年（710）葬于此，在今陕西富平县城北约13千米的凤凰山上。凤凰山的得名是因为正中南面山梁突出，如鸟举翅欲飞之状。定陵由三座东、西相连的墨青色石岩组成，在正中南面的山梁上凿石穴为墓。定陵的体制大体上依从乾陵旧制，原来雕有各种石刻，但历经党项、吐蕃焚烧，开平二年（908）又遭后梁温韬盗掘，几乎被洗劫一空。

唐代陵墓的墓碑，昭陵有申文献公、孔颖达、樊兴、豆卢宽、张允、尉迟敬德、兰陵长公主、纪国先妃陆氏、李勣等碑遗存，从唐贞观末年到总章年间，碑头上的龙矩，周边的花纹，都和以前各代有所不同，从这里也可以看出初唐石作工艺的水平。当时碑多用蓝田所产的青石为原料，而唐宗室陵墓的石刻雕塑，多出于官府所制。唐朝在门下省下设置甄官署，专门负责宗室陵墓的石雕，石刻、陶器、俑等器物的制作，有时也作为优待礼遇，用于功臣的坟墓上。据记载唐时碑碣之制，五品以上用螭首龟趺之碑，高9尺（2.7米）；七品以上及隐论道素孝义著闻之人，用圭首方趺之碣，高限4尺（1.2米）。有关石人兽，三品以上可以用6个，五品以上可以用4个。石人兽代表作是恭陵的石狮，气势宏伟，与顺陵石狮不相上下。其他如桥陵、建陵、崇陵、景陵等均有石狮造像。其他石人石兽也均成组合排列。说明唐代陵墓建筑已经形成制度化的体系。

除了陵墓建筑以外，一般平民贵族当时多采取砖室土洞墓，在地

陕西昭陵原址石碑

面上封土为坟，在地下掘洞砖起券，也有的在地面修砖券，再掩埋或土冢。隋代制度是三品以上的官墓有长的斜坡，长度在 40 米以上，有 5 个以上的天井，墓室成方形，长宽均 4 米左右，室内有石门、石棺床、石棺椁，在地面上有封土堆，封土堆前立有石羊，并有随葬镇墓的墓俑，如仪仗、仓厨、侍俑等。七品以上的官墓斜坡长约在 10 米，没有天井，墓室成方形，长宽均在 3 米左右，在墓室内有砖制的棺床，木棺，地面上封土堆前有圭首方趺的碣。到了唐代以后，二品以上的官员的墓长度在 50 米以上，长斜坡，有 2 个砖室，有 3 个以上的天井，6 个以上的小龛，在砖室内有石门，石棺椁，地面的封土堆前有石碑、石兽、石人等石刻，随葬品和壁画都很多。三品以上的官员由双室土洞墓改为大型单室砖墓。五品以上的官员用中型单室砖墓或者是土洞墓，墓室内没有石门和石棺椁。九品以上的官员用小型单室砖墓或是土洞墓，没有天井，墓内随葬的主要是侍俑。

我国古代的陵墓建筑，至唐代开始依山起坟，在建筑工艺上有新的提高。通过在山腰上向里开凿石洞的过程中积累了许多经验，对石料的处理更加得心应手。另外在陵墓前的石人、石兽、石刻较以前历代都更加丰富多彩。通过对石刻雕像有意识地排列组合，通过对石刻做不同风格的处理，在实践中发展了许多美学思想，对其他类的建筑也有指导辅助之作用。

第四章

佛教建筑

第一节
寺 庙

>>>

　　佛教从东汉末年由印度传入中国，历经三国、晋、南北朝，到隋、唐时期达到空前的繁荣，这一时期中国佛教各宗派陆续形成，佛教完成了中国化的进程。隋朝的开国皇帝隋文帝统一全国后，大力提倡佛教，将佛教作为巩固其统治的手段。隋文帝在开皇二年（582）在长安修建大兴善寺，以后不断修建寺庙，据说隋文帝一生中所建寺庙多达3 792所。后来隋炀帝也笃信佛教，在京都修造日严寺。隋灭唐兴以后，唐朝统治者也大力提倡佛教，一方面统治阶级出资兴修寺院，另一方面僧侣拥有土地以及免役、免税各种特权，自己有经济实力修造寺院。这样，便使隋、唐时期各地纷纷修造寺院，全国寺院林立，具体数目难以统计，但唐武宗会昌五年（845）灭佛时毁天下寺4 600个，招提兰若4万，从这个统计数字可以看出当时佛寺数量之多。下面我们按佛教各宗派的体系简略介绍一下隋、唐以来的名寺。

隋、唐时期形成的佛教宗派主要有天台宗、天伦宗、法相宗、华严宗、净土宗、禅宗、律宗和密宗，各宗派皆有自己的祖庭。如中国佛教史上的第一个宗派——天台宗，祖庭在浙江天台山国清寺。天台宗创始人智颉一生建寺36所，与隋炀帝杨广关系密切。智颉逝世以后，隋炀帝秉承智颉遗意，建寺于天台山，并命名国清寺。国清寺隋、唐时香火繁盛，与湖北江陵玉泉寺、南京栖霞寺、山东灵岩寺同称我国四大丛林。天伦宗的祖庭在今陕西省户县东南20千米的圭峰山北麓的草堂寺。到了唐代，草堂寺经住持名僧宗密修葺，改名栖禅寺，后遭战火毁坏。之后重修已非原来风貌，但寺内如今还存有鸠摩罗什舍利塔一座。法相宗由唐代玄奘及其弟子窥基所建立，他们长期居住在唐长安城的慈恩寺内。慈恩寺距今西安城南4千米，与唐大明宫遥遥相对，初名无漏寺，原建于隋开皇九年（589），唐贞观二十二年（648）东宫太子李治（即后来的唐高宗），为了追念其母文德皇后，出资重修，并改名慈恩寺。唐代的慈恩寺重阁复殿，画栋雕梁，极其华丽，占地广大，计有房间1897间，占了当时晋昌坊的一半。著名画家阎立本、吴道子为寺院画了许多壁画，后也毁于战火。重修后非复原貌，但寺内大雁塔仍有唐时风格。净土宗的祖庭位于西安市南17千米处的长安县（今长安区）神乐原潏河与交河合流的香积寺，建于唐中宗神龙二年（706），净土宗的实际创始人善导大师便葬于此。唐末由于郭子仪同安禄山部在此交战，寺院受损，后来因宋、元两代失修衰落，但唐时善导砖塔依然屹立在此。另外一处佛教名胜，也是华严宗的圣地——山西五台山，在隋、唐兴盛一时，如五台山佛光寺隋、唐时香客络绎不绝，有"走马观山门"之说。后唐武宗会昌五年（845）大灭佛教，寺毁，后重修，其中佛光寺东大殿和南禅寺正殿保存了我国唐代木结构比较完整，在下文中详细论述。

隋、唐以来修寺造塔主要的工程按时间顺序排列如下。

（1）隋仁寿初（601年左右），在各地造统一规制的舍利木塔，方

| 天台山国清寺 |

🔺 国清寺位于浙江省台州市天台山，始建于隋，初名天台寺，后取"寺若成，国即清"，改名为国清寺。国清寺与济南灵岩寺、南京栖霞寺、当阳玉泉寺并称"中国寺院四绝"。国清寺在佛教发展史和中外关系史上都具有重要地位，寺周保存了大量的摩崖、碑刻、手书、佛像和法器等珍贵文物。

形，5层，有塔心柱，在4年中造塔110座。后舍利塔改为石制。

（2）隋大业七年（611），建山东历城神通寺四门塔。

（3）641—657年，拉萨建大昭寺、小昭寺。

（4）649—936年，建大理崇圣寺塔（千寻塔）。

（5）永徽三年（652），建慈恩寺塔（大雁塔）。

（6）总章二年（669），建兴教寺玄奘塔。

（7）总章三年至调露元年（670—679），造洛阳龙门大卢舍那像龛以及奉先寺成。

（8）长安四年（704），重建慈恩寺塔。

（9）神龙元年（705），各地建大唐中兴寺、中兴观，后改为开元寺、开元观。

（10）景云二年（711），太极元年（712），开元十年（722），开元十五年（727），开元二十八年（740），元和三年（808），建房山云居寺小塔各一。

（11）开元元年（713），建嵩山法王寺塔，建长沙铁佛寺铁塔。

（12）开元十五年（727），一行创琉璃戒坛于河南登封会善寺。

（13）天宝十四年（755），鉴真和尚东渡日本，随后在日本建唐招提寺。

（14）德宗建中年间（780—783）广州建怀圣寺，建五台山南禅寺大殿。

（15）宣宗大中十一年（857），建山西五台山佛光寺东大殿。

从以上的记载可以看出唐寺院之兴盛。有关塔的情况我们下文会专节论述。唐代许多寺院都毁于战火，后来历代重修，已经不是原来的样子，只有山西五台山佛光寺东大殿和南禅寺正殿保存了原来的风貌，其他的情况只能从壁画和文献记载中去考证了。

佛寺的一般形式是在寺院的中轴线上依次排列着大门，供奉天王和佛的天王殿和大雄宝殿，诵经修行用的法堂和经楼，另外根据寺院供奉菩萨的多少还可以加建观音殿、毗卢殿等建筑。在这些主要建筑的四周和两旁，则布置居住、放杂物、待客以及厨房、浴室等建筑。有的寺庙还在天王殿前建悬有钟鼓的钟楼和鼓楼，分列在院落的左右。这种布局和中国古代建筑在中轴线左右对称平面布局的方法相一致，也可以说是佛教中国化的具体表现。实际上佛教最初传入中国的时候，并没有专门的寺院的形式，有不少的富人官吏把自己的宅院贡献出来当作寺院，称为舍舍为寺。把住宅的前厅作为供奉佛像的佛殿，住宅的后堂作为讲学佛经的经堂。后来寺院修造时便采取了这种多幢单体建筑有规则的组合的院落形式，因为这种形式从功能上来说第一能供奉佛像让信徒们膜拜，第二能让僧众们聚居修行。但也不是所有的佛寺都采取这种中轴对称、十分规整的形式。这也是出于实际需要，如我国西藏地区信奉藏传

五台山佛光寺国保碑

△ 五台山五峰耸立，高出云表，山顶无林木，有如垒土之台，故曰五台。唐代外国佛教徒对五台山竞相朝礼，五台山成为佛教圣地，朝礼五台山和到五台山求取佛经、佛法的外国僧侣很多。

佛教，宗教内容比较复杂，反映在寺院建筑上除了佛殿和经堂以外，还有众佛徒诵经的转经廊，以及活佛办公用房和僧人的住宅。这种寺院多建在山上，不采取严格的中轴对称，而是随山势起伏，灵活自由地布局，如西藏日喀则的扎什伦布寺佛殿的形式。

唐代佛寺多为木结构，经战火焚毁，历代重修，保存原貌的已经不多见了，在敦煌壁画中有一些描绘佛寺的绘图可供我们研究。

由于唐代敦煌佛教净土宗十分流行，所以敦煌唐代洞窟内普遍有《西方净土变》《观无量寿经变》《弥勒净土变》《东方药师变》等经变画，比较集中地描绘了建筑群的组合和各类单体建筑的形象。佛经里描述的"阿弥陀佛所居净土的讲堂、精舍、宫殿、楼阁皆七宝庄严自然化成，内外左右有诸浴池"，其实佛国世界建筑景象也不是凭空想象，多少是人间宫殿、寺院的情况的描绘，如敦煌莫高窟盛唐第172窟，描绘《观无量寿经变》中一座规模宏大的寺院的内部景象，对称布局，在中轴线居中是一座5间单檐庑殿顶的大殿，大殿后有5间庑殿顶的楼阁，两侧各有夹屋，立面高低错落，空间组合十分巧妙。正殿两侧各有一座歇山顶的二层楼阁，楼阁与大殿之间有回廊相连接，回廊纵横相交处的屋顶上有角楼。两角楼的外侧有亭阁或塔，塔在圆攒尖顶上有塔刹。塔原在印度寺院中居中，传入中国以后塔一般建于寺中别院，亦有在寺后两侧建双塔的形式。

另外一幅描绘唐代寺院布局形式的壁画见于中唐第148窟，图所描绘内容是《弥勒经变》中的"兜率天宫"，实际上是一座完整的寺院。正面长廊多达47间，正中有单层庑殿顶大门，两侧各有旁门。位于中轴线上的大殿是庑殿顶，大殿前是开阔的庭院。在中轴线两侧居中之处有小院两重，建有楼阁以及歇山顶的小殿。在回廊纵横相交处顶部设计了小楼阁，以用来布置钟楼，反映了布局上的灵活变化。寺院整个平面大致成凸字形。在盛唐第217窟的《观无量寿经变》里也描绘有一组寺院建筑群，按轴线对称布局，正中有大殿一座，大殿后另有一院，四周有廊庑围绕，院中有3间庑殿顶的楼阁。大殿两侧各有4座二层建筑，大致可分为三种形式：第一种上下层均为3间，中间有腰檐平座；第二种上下层之间没有腰檐，统称为楼阁；第三种下层是砖石建筑的方台，台上有3间四方攒尖顶，上有塔刹的建筑，可以称之为台。左侧的楼上悬挂大钟，为钟楼，相对的一台即为经台，符合《戒坛图经》所记的"塔东钟楼，西经台"的形制。另外在中唐第159窟里面吐蕃时期的寺院布局，也大体上与盛唐时其他寺院布局相同，在大殿檐下张挂帐幔，柱的中部有图案装饰，这些反映了当时吐蕃习俗的一些特点。

至于佛寺殿内木结构建筑的特点，目前保存完好的有五台山南禅寺正殿和佛光寺东大殿。南禅寺正殿建筑时间更早，根据大殿平梁下保存下来的墨书题记，应建于唐德宗建中三年（782）。唐武宗会昌五年（845）大灭佛教，佛寺大都被毁，而南禅寺由于地处偏僻，幸免于

五台山佛光寺东大殿局部

难。南禅寺位于今山西省五台县城西南 22 千米的李家庄西侧。寺由山门、龙王殿、菩萨殿和大佛殿组成一个四合院落的形式。其正殿面阔进深皆是 3 间，屋顶为单檐歇山式，殿前有月台，柱上有斗拱。由于面积较小，故而身内无柱，比较近似于厅堂。四椽栿通达前后檐柱，其拱的断面高厚之比为 3：2，和《营造法式》所规定相同，其榫卯中构件拼接系《营造法式》中所记"螳螂口"，而华拱头用暗榫固定交互斗，超过了《营造法式》所记载，反映了唐代木结构的水平。大殿内有佛坛，高 0.7 米，宽 8.4 米，主像释迦牟尼佛于束腰须弥座上跏趺而坐，结拈花印。两侧前侍立菩萨、弟子、天王、童子、撩蛮、佛霖，共计 17 尊像。除童子、撩蛮、佛霖外，其余塑像皆有莲花座。各雕像面形丰润，衣纹流畅，手法纯熟，形体、衣饰、手法与敦煌唐代塑像如出一辙。

五台山佛光寺东大殿建于唐宣宗大中十一年（857），为唐武昌灭佛教毁寺之后重建。佛光寺位于山西五台县城东北 32 千米佛光山山腰，由于地势三面环山，只有西面豁然开朗，所以寺坐东向西。原来寺内的主要建筑是弥勒大阁，宽 7 间，高约 32 米，唐武宗会昌五年被毁，后于唐宣宗十一年在原址上建东大殿，为寺内主要建筑。佛光寺按东西向的轴线依地势处理成三个平台，层层排列院落，东大殿便处于第三个最高层上。东大殿殿身面阔 7 间，进深 4 间，明间面阔 5.04 米，其余接近 5 米，尽间 4.4 米，面阔共有 34 米。进深四间八椽，每椽长 2.19～2.23 米，通进深 17.64 米，柱高 5 米，正是高不逾间广（间广，指明间之面阔）。屋顶为单檐四阿顶形制，前檐当中 5 间安有大型板门，两屋间以及两山后间安直棂窗，以便于殿内后部的采光。东大殿的柱网布置由内外槽组成，如同《营造法式》中所讲"身内金箱斗底槽"。外围柱均匀分布，内槽柱围成的矩形面阔 5 间，进深 2 间，这种外围和身内的柱网分布方式是唐代宫殿和佛寺主殿通常采用的一种形式。按殿阁建筑分类如下。

（1）殿阁身地盘，9 间，身内分心斗底槽。

（2）殿阁地盘，殿身 7 间，副阶周匝，各两架椽，身内金箱斗底槽。

（3）殿阁地盘，殿身 7 间，副阶周匝，各两椽，身内单槽。

（4）殿阁地盘，殿身 7 间，副阶周匝，各两椽，身内双槽。

可见东大殿属于第二个等级，随等级差别，身内柱列方式也变化不同，采用身内柱列这种形式，可以在殿内形成一个较为封闭的空间，适宜举行较庄严的活动。由身内柱列以及其承受的内檐铺作构成的内槽柱与外柱等高，内槽柱上端用枋连接，柱上以四跳斗拱承托明栿，明栿不是直接与天花板相连，而在栿上以斗拱构成透空的小空间，天花与柱交接处向内斜收。外槽柱端亦用枋连接，内外柱对应柱端用明乳栿相连，角柱处用角乳栿相连，构成了统一的空间结构。柱列上的上层部分可分为草栿和明栿两部分，明栿为梁架露明部分，表面嵌削规整并有卷杀线脚等处理，露明部分在内槽中心处结构比较精巧繁复，在外槽则相对简练。

露明部分不直接承重，主要用来组织空间结构并为草栿提供基座。而草栿部分的构架，均在平暗之上，由于为视线所不及，所以木料表面没有经过光滑平整以及卷杀线脚的处理，构件的形式和布置更是出于结构的需要，草栿直接承受屋面由望板、椽、柱传来的重量。草栿承重结构的支点在柱的轴向上,而明栿各部分构件,只起垫木的作用,只承受本身自重以及平暗藻井的重量。内槽柱上出的四跳斗拱全部用偷心造,没有横向的拱和枋,同时明栿又比天花下降一段距离。这样,便使内槽分成 5 个小空间,而中间三间柱上四排斗拱和月梁,突出了中部三间的重要地位。这是考虑到安排佛像的关系,因在内槽后半部有佛坛,安排5 个小空间对应 5 座佛像,而中部三间更为重要,因此饰以月梁突出,而后柱斗拱的出跳和天花斜抹部分与佛像背光微微变曲的形状相呼应,使空间结构更加和谐。在处理内外槽的柱坊时也考虑到了与佛像的视线关系,使佛像背光收入视野而没有阻隔。外槽的前部进深只有一间,斗拱只出一跳,外槽高度约为进深 1.7 倍,构成了狭而高的空间。佛光寺大殿的屋顶的举高为 1∶4.77,举势平缓,站在殿前看不到屋顶。这样便突出了斗拱的地位,斗拱与柱高的比例为 1∶2,但是因为出跳达四跳,所以整个屋檐挑出约 4 米,相当于檐口到台基面高度的二分之一,所以在视觉上斗拱比实际尺寸要大,突出了斗拱的艺术形象,也反映了唐代建筑稳健雄丽的风格。

佛光寺大殿檐柱有明显的生起、枋,脊也用生头木生起。然而折势

五台山佛光寺大殿檐柱

圆和平缓。屋顶为四阿式，两侧面各用三道丁栿作为上端角梁的支点，整个上部构件和下面柱列的布局尺寸互相呼应，很少有补救性的附加件，说明这种结构方法经过长期实践，已经比较成熟。屋顶的正脊长3间，殿顶全部用板瓦仰俯铺盖，脊兽全为黄绿色琉璃艺术品，一对高大的琉璃鸱吻分列于正脊两端，鸱尾恰好处于左右第二条缝的梁架上，使梁架直接负载鸱尾的重量。正脊、屋顶、鸱尾和殿身之间比例和谐，屋檐出檐深远，起翘和缓，鸱尾造型遒劲，整个立面形象庄重稳定。

佛像位于内槽后半部的佛坛上，佛坛为束腰须弥座，属于唐代常见的形式。释迦牟尼佛居中跏趺而坐，安详庄严。南为弥勒佛，双足下垂，脚踏莲花。北有弥陀佛，亦跏趺坐。在三座佛像前有四位菩萨胁侍，位于释迦佛两侧的是佛大弟子阿南及迦叶尊者；侍立于南北间的有文殊、普贤二菩萨，各骑于狮背和象背之上，手执经卷和如意；在菩萨像前还有撩蛮、拂森和二童子，供养菩萨六躯，手捧果盘，曲立于前部前沿仰莲座上。两侧有手执长剑、瞋目怒视的二金刚侍立。此外尚有施主宁公遇坐像和主持修建的愿诚和尚像，共有彩塑35尊，其中佛像高5米左右，菩萨像高3米左右，其余仿真人大小。这些雕像面形丰满，线条流畅，为唐塑佛像之佳品。

总之，佛光寺东大殿在空间结构组织上有许多成功之处，如佛像与内槽空间的呼应，佛像背光及视线的处理，内槽繁密的天花与周围简洁的月梁、斗拱相对比，天花与柱交接处向内斜收，增加了内槽的高度感，把内外槽分成两个不同的空间等都体现了精巧的设计构思。但佛光寺东大殿属于《营造法式》所说的殿阁级的建筑，其特点是上部构件分为露明与草栿两部分，所以身内列柱可选择的形式也有一定的局限性，不如无明草栿之分的彻上露明之木构形式变化自由，因此佛光寺东大殿也不能代表、概括当时可能的身内柱列方式。

通过对佛光寺东大殿和南禅寺正殿的研究，我们可以发现唐代的木加工技术，从尺寸规模、柱列形式、榫卯技术、材分制度等方面来看，已达到成熟阶段。

第二节
佛 塔

>>>

　　塔是佛教中的一种专门建筑，最早起源于印度。古印度文称作窣堵坡（stupa），或称浮屠。《魏书·释老志》记载，佛的弟子把舍利子分别埋入 8 个窣堵坡中供养。后来在其他地方也建造窣堵坡，只是供养的是水晶珠等佛舍利的替代品。由此可见窣堵坡是供奉佛骨的一种纪念建筑。

　　窣堵坡最早的形式比较简单，只是把佛舍利子埋在土里，然后在上面累土石。在古印度阿育王时期开始建造覆钵式的窣堵坡，由基台、覆钵、平头、竿、伞五部分组成。覆钵是指基台上的半球部分；平头是方箱形的祭坛；竿、伞是坟上装饰物。如古印度在三齐修成的窣堵坡坐落在一个鼓形的基座上，全部用砖砌成，外表有一层石板贴面，周围有一圈石栏，四面正向各有一座石门，其表面刻着释迦牟尼的生平故事。

　　窣堵坡约于公元 1 世纪左右随佛教传入我国，译成"塔婆"，后来便简称塔，而且它在传入我国以后，同汉代以来的楼阁建筑形式结合起来，在形式上也发生了很大的变化，发展成为有中国特色的建筑。这其中的变迁，可以从西安慈恩寺的大雁塔的有关资料中得到印证。慈恩寺大雁塔建于唐永徽三年（652），得名于一个印度的故事传说，据说有一个菩萨化身为雁，舍身布施，后人便为其建塔，称之为雁塔。唐中宗景龙元年（707）在西安南门外建的塔称小雁塔。现存的大雁塔经过明代重修，已经不是原来的形象，最初兴建时的样子可见《大慈恩寺三藏法师传·卷七》，其记载："三年春三月，法师欲于寺端门之阳造石浮屠，安置西域所将经像，其意恐人代不常，经本散失，兼防火难。浮屠量高三十丈，拟显大国之崇基，为释迦之故迹。将欲营筑，附表闻奏。敕使中书舍人李义府报法师云：所营塔功大，恐难卒成，宜用砖造，亦不愿

西安大雁塔

🔺 大雁塔作为现存最早、规模最大的唐代四方楼阁式砖塔，是佛塔这种古印度佛寺的建筑形式随佛教传入中原地区，并融入华夏文化的典型物证，是凝聚了中国古代劳动人民智慧结晶的标志性建筑。

师辛苦。今已敕大内东宫、掖庭等七宫亡人衣物助师，足得成办。于是用砖，仍改就西院，其塔基面各一百四十尺，仿西域制度，不循此旧式也。塔有五级，并相轮露盘凡高一百八十尺，层层中心皆有舍利，或一千、二千，凡一万余粒。上层以石为室，南面有二碑，载二圣《三藏圣教序记》，其书即尚书右仆射河南公褚遂良之笔也。"上面引文中"三年"指的是唐永徽三年（652），"法师"即指玄奘，"西域"这里指天竺，即印度。玄奘从印度带回来了许多经书以及佛像，想造塔敬佛供奉佛舍利子，也为了保存经书佛像，防止流失和火灾。按照上文所记述，原来设计的塔的位置在寺端门之阳，应该用石筑造而且高30丈（约100米），但后来实际情况是建在了西院，是高180尺（约60米）的砖塔，其原因可能如文所说"所营塔功大，恐卒难成"。值得注意的是文中提到了"仿西域制度，不循此旧式也。"这里的"旧式"应指唐以前塔的形式，具体应该指北魏时盛行的楼阁式塔，和印度的形式相对；而所说的"西域制度"，可以从文中推测出所说塔高只有180尺（约60米），而塔基面各140尺（约46.6米），这种比例比较少见，应指所说的模仿西域制度。从上面的引文可以看出，古印度的窣堵坡传入中国以后其形制已经发生了很大变化，形成了有中国建筑特色的佛塔，也因此有西域制度和旧式的相对。

后来在唐长安年间（701—704），长安城里的王公贵族出资将大雁塔改建成7层的楼阁式砖塔，呈方形。到了大历年间，又将大雁塔改建到10层，后经战火破坏，只剩下7层。在明代又经过重修，现在人们看到的大雁塔，通高64米，7层，塔基高4.2米，边长为25米，平面为正方形，可以看出对唐代重修以后的形制，没有大的变化。

玄奘法师于唐高宗李治麟德元年（664）逝世，先葬于西安东郊白鹿原。由于唐高宗李治常居长安东北的大明宫，推窗南望白鹿原，常引起他对玄奘的怀念和哀思。于是，在总章二年（669）将玄奘遗骨迁葬至兴教寺，在今西安市城东南24千米处的少陵原畔，并建舍利塔以资纪念。此塔平面成正方形，以砖筑成。共有5层，高约21米，第一层塔身经后代修理，是平素砖墙，其余以上4层均有倚柱，倚柱上面有额枋和斗拱。每层檐下用砖做成斗拱，斗拱上面用斜角砌成牙子，在牙子上面再迭涩挑出檐。属于楼阁式砖塔。

在这种楼阁式砖塔的基础上，又衍变出了一种新的塔形，这种塔形的特点是底层较高，二层以上为一层层的屋檐相叠，每两层层檐之间的高度面阔都逐渐缩小，越收越急，各层檐紧密相连，所以称这种塔形为密檐塔。如在云南大理旧城西北1千米处，立于苍山耳海之畔的崇圣寺三塔，其中位于崇圣寺前部的大塔名叫千寻塔，建于南诏国后期，是现存较早的唐密檐塔的典型。塔高69.13米，共16层，塔平面呈正方形。塔身建在很矮的基座上，在塔身以上各层叠涩出檐，相对于地面的出檐比较长，卷杀在中段比较突出，而收杀在顶部比较缓和，这样显得外形更加挺拔。塔身外表朴素无饰，但各层正面中央开券龛，置白色大理石佛像一尊。分列在千寻塔南北的二座小塔是实心塔，呈八角形，各 10 层，高 42.19 米，两塔塔身各涂白色泥皮，各层分别雕着券龛、佛像、瑞云花瓶等饰物。

法王寺塔也是唐朝密檐塔的典型之一，北塔位于河南省登封市城西北 6 千米嵩山玉柱峰下法王寺后，平面呈方形，高约 40 米，塔身下部略高瘦，其上施以叠涩出檐，共 15 层，塔内有方形塔心室直达顶部。

小雁塔位于陕西西安市南约 1 千米的荐福寺内，此寺建于唐文明元年（684），一开始称献福寺，是唐高宗为献福所修寺院，塔建于唐景龙年间，因为它比慈恩寺的大雁塔小，所以称作小雁塔。小雁塔塔高 43 米，底层每边长 11.83 米，形体挺拔秀丽。塔原有 15 层，后来由于多次地震坍塌，现在有 13 层。塔身是密檐式砖结构建筑，平面呈方形，塔基座亦呈方形。

| 小雁塔 |

此外比较典型的还有河南登封市城西北 11 千米太室山西麓的永泰寺塔，平面方形，高 20 余米，共 11 层，叠涩密檐，以砖构成。

总体来讲，这一时期密檐式塔比较流行。数量众多，其特点是塔的平面一般都是方形，整座塔的卷杀在中段比较凸出，而到了顶部以后收杀就比较缓和。这样使塔身更加有动感，摆脱了以前有些呆滞而沉闷的印象，同时相对地上面的出檐比较长，使得塔身显得挺拔而秀丽多姿，表现了美学上观念的变化。而且在这一时期的密檐塔建筑手法也日趋成熟，对于各部分的比例尺寸掌握日趋规范化，同时又不断地试图推陈出新，使之不断发展。不过这一时期塔基座仍然比较低矮，一般只有几厘米高度，如西安兴教寺玄奘塔根本看不见基座，以致有人误认为塔身是由地里而出。唐中期以后变化便很大了。

除了上面所说的两种塔形以外还有一类单层塔，此类塔典型的是山东历城县柳埠村青龙山麓神通寺遗址东侧的四门塔，日本《世界美景全集》称赞其"此塔结构虽简单，却有平衡之美，在石筑之单层塔中，可谓之无与伦比者"。

关于四门塔的建造年代，最初是根据塔内的造像和题记，认为最晚不晚于东魏武定二年（544），后来在 1972 年大修时发现塔顶内部的拱板上刻有"大业七年造"的字样，才确定为隋大业七年（611）所建。它是我国现存最早的石塔之一，整个塔全部用青石块砌成，单层，塔的平面作正方形，塔高 15.04 米，每边宽 7.38 米，每面的中间开一个半圆形的拱门，因而称之为四门塔。塔的檐部挑出 5 层石叠涩，在挑出的石叠涩上，以 23 层石板层层收缩叠盖，筑成四角攒尖的锥形顶，顶端塔刹由露盘、山华、蕉叶、相轮等组成。在塔室内还有方形塔心柱，四面各有石雕佛像一尊，为后人所移置。佛像皆螺髻，跏趺而坐，面貌圆润饱满，表情生动，衣纹细腻流畅，反映了熟练的雕刻技法。佛座上原来还有东魏武定二年杨显叔造像记和唐景龙三年（709）尼无畏等造像记，中华人民共和国成立前已经毁坏散佚，今据原来题记的拓片重制。

单层塔另外一个可以作为典型的是河南登封市城西北 6 千米会善寺山门的西边山坡上的净藏禅师塔，此塔建于唐天宝五年（746），以砖砌成，单层，有多重檐，塔的基座已经毁坏，难以辨出原形。塔平面呈八角形，塔身下部有须弥座，塔身则是仿木结构建筑的形式，在八角形的各角上均有凸出壁面呈五角形的倚柱，柱上砌出额枋和斗拱及人字形补间铺作，在塔身背面嵌有一方塔铭，在其余几面垒砌有仿木结构门和直棂窗，在塔的正面向南开一个券门，券门里面有八角形的塔心室。在塔身之上有一层叠涩出檐，在其上有一层平面圆形的须弥座和一层仰莲，刹顶是火焰宝珠，这种火焰宝珠顶在当时也是比较常见的一种，因为避"火"字，也有人称这种宝珠顶为水烟。现在日本即称塔刹顶为水烟，可见流传之广。另外值得一提的是此塔是我国现存最早的八角形砖塔，唐代佛塔普遍采用正方形平面，八角形的形式在当时相当罕见，可是后来八角形逐渐流行发展成为普通的塔的平面形式，倒是平面呈方形的塔渐渐稀少了。

有关唐代单层塔的实例还可以参见山西平顺县海会院明惠大师塔，此塔建于唐乾符四年（877），以石筑成，平面呈方形，由基座、塔身、石雕屋顶以及4层雕刻的塔顶组成。在塔身上雕有天神像及门窗，雕刻精美细致，反映了唐代雕塑与建筑结合的程度。

单层塔一般认为也是古印度的窣堵坡同我国楼阁式建筑相结合的结果，并且是适应一般的贵族以至平民有限的财力，所以一般体积都不大，高度在3～4米之间。而且大部分是僧尼的墓塔，这些墓塔至今保存下来的仍很多，可想见当时之普遍，而且有成群的墓塔林。

以上提到唐代塔的平面绝大部分都是方形，但也有圆形、六角、八角形的平面。八角形的平面除了上面提到的净藏禅师塔，还可见于山西五台县佛光寺东山腰和西北塔坪里的4座唐塔中的志远和尚塔。此塔位于佛光寺东山腰，唐会昌四年（844）建，塔的基座呈八角形，但上面砌覆钵式圆形塔身。另外一座无垢净光塔，建于天宝十一年（752），也在该寺东山腰，亦是平面呈八角形，束腰须弥座。另外两座塔一个是六角，一个是方形。大德方便和尚塔亦在该寺东山腰，建于贞元十一年（795），平面呈六角形，共高4米，在向西的面上开有券门，塔刹已经毁坏。门外北面有嵌刻塔铭刻石。这种六角形的塔在当时还是比较少见的。

　　而如另外一座平面呈方形的解脱禅师塔的形制比较多。解脱禅师塔在佛光寺西北塔坪里，建于唐长庆四年（824），共有两层，高约 10 米。塔的基座是束腰须弥式，塔身是中空的，在正面开有拱门，塔内部上方有叠涩藻井。塔顶部的塔刹由覆钵及受花组成，原有宝珠，现已不存。佛光寺这 4 座唐塔，不仅提供了唐代比较少见的六角形和八角形平面的实例，而且在建筑手法上也各有特点，有很高的研究价值。

　　其他比较有特点、值得一提的还有正定城内的 4 座唐代的佛塔，正定城即今位于石家庄市北郊的正定县，4 座佛塔是：广惠寺华塔、开元寺砖塔、天宁寺木塔、临济寺青塔。其中天宁寺木塔原名慧光塔，因为塔比较高，所以后来又称灵霄塔；由于塔是砖木结构，因此也称之为木塔。塔始建于唐广德至大历年间，其后经历代重修再建，现在塔基本上

| 广惠寺华塔 |

正定开元寺砖塔（须弥塔）

○ 正定开元寺位于正定县城内常胜街西侧。始建于东魏兴和二年（540），名净观寺；至隋开皇十一年（591）改名解慧寺；唐开元年间重修，改名开元寺。之后宋、明、清均有修补。开元寺砖塔即须弥塔，是河北省正定县的古城四塔之一。须弥塔始建于唐贞观年间，虽经历代维修但依然保持唐代建筑特点。它是古代建筑之精品，也是我国古代高超建筑工程技术和建筑艺术成就的例证。

是金代再建后的样子，已经没有了唐代的风貌。临济寺青塔建于唐咸通八年（867），后来经过历代重修，现在保存下来的基本是金代重修过的样子。只有开元寺砖塔和广惠寺华塔还保持着唐代以来的风格。开元寺砖塔位于正定城内大十字街口西南开元寺内，与寺内唐代钟楼左右并列。此塔建在砖石基座上，在基座的四角都雕有天王和力士的形象。塔身平面呈方形，是密檐式砖塔，共有9层，高约48米。塔身南面辟有券门，塔身中空，但是里面并没有供人攀登观览的阶梯。塔外面除了葫芦式样的刹顶略带装饰性以外，其余部分朴实无华，青砖密檐。可以说此塔是我国现存结构和外观最简单朴素的密檐塔，与之东南遥遥相望的广惠寺华塔则华丽非凡。广惠寺华塔始建于唐贞元年间，造型和结构都比较独特。第一层塔身平面呈八角形，由 4 个正面各附六角形的亭子状单层套室构成；在塔身的正面和套室都辟有圆拱形的洞门；塔身第二层则是规则的八角形，每面都分成三间，中间辟门，两边是仿木结构刻浮出的方格窗棂和长方尖形的佛龛。下面有一层平座，上部则斗拱叠涩出檐。塔身第三层也有八面，但自下而上逐渐收缩至顶汇集一点而成圆锥体，平座大于下面两层，在圆锥体的整面上都雕有五彩壁塑，刻有虎、豹、狮、象、龙、佛像等造型，雕刻华美精致，再上部有八角形的檐顶和塔刹。由于塔外表原来均有五彩壁画，故也称之为花塔。

除了以上所描述的唐代比较普遍的塔的形制以外，尚有许多造型独特、形制迥异的唐塔，这些塔的由来，有的是设计师和造塔的匠人追求发展，匠心独运，不墨守成规，推陈出新的结果；有的是为了适应佛教某些仪式供奉的需要；而有些则是受民族文化、地域文化影响，富有浓厚的地方特色；还有些是受其他宗教影响，并适应其需要而建。

比如建于唐代的广州怀圣寺的光塔，就是适应伊斯兰教的需要而建的，它是我国最早建造的伊斯兰教的塔，原名别克塔。此塔塔身外表光滑，没有分层重檐。在塔内有从地面一直贯通到塔顶的实心柱。有两路螺旋形的塔梯在实心柱和塔壁之间盘绕而上，直通塔顶。在塔的下部南北各有一门。该塔外表光滑，构造精巧，造型雄伟，具有浓郁的阿拉伯民族风格和明显的伊斯兰教建筑特色，同时也是灯塔，指引船舶停港。关于该塔的得名，目前有两种说法：一是根据伊斯兰教习俗，每天有专人五次登上该塔塔顶呼唤伊斯兰教信徒做礼拜，古波斯语音译为"邦克"，故原名邦克塔，后来由于"邦""光"语音相近，加上塔身光滑，久而久之便传成光塔；另一种说法认为由于该塔亦是夜间指引航船方向的灯塔，塔顶有灯光设罩，人见夜间发出的光，所以称之为光塔。这两种说法都反映了光塔的特点。

又如造型独特的、以顶部有 9 座小佛塔而闻名的九顶塔，在山东省济宁市历城区柳埠村灵鹫山九塔寺内。明人许邦才在《九塔寺记》称此塔"一茎上面顶九各出，构谛诡巧，他寺所未经有"。该塔为唐玄宗天宝年间（742—756）建，单层，塔身平面呈八角形，塔身用水磨砖对缝砌筑，高约 13.3 米，上下两部分截然不同；下段是一个正八角形的塔柱，直接起于平地；上段檐部叠涩挑出 17 层，檐上又叠涩收进 16 层，形成八角平座。在平座的八个角上各有一座小塔，小塔平面呈方形，高约 2.84 米，三层叠涩挑出檐，在八角形中央筑平面方形小塔一座，高约 5.3 米，比其他 8 座小塔都要高。这 9 座小塔的立面形象都采用了仿木结构的楼阁式样，这 9 座小佛塔之间交相辉映、簇拥，同塔下段平直造型简练的塔身之间形成鲜明对比，整个塔显得小巧玲珑。此外在塔的南面开有佛室，佛室里面有石雕的佛像一尊，禅师的雕像二尊。在塔内室顶部有天花藻井，内室四壁有壁画。

另一种造型比较有特点的塔是双塔，双塔指在同一处建两座佛塔，或在大殿前端左右并列，亦有在一个基座上建两座塔身。有关双塔的实例可见山西省阳城县 15 千米处大桥村海会寺的琉璃双塔，以及山西省长治县法兴寺内中轴线上经轴前面的法兴寺双塔。塔建于唐咸亨四年（673），是唐高祖第十三子郑惠王元懿所造，塔为石结构，塔平面呈八角形，高 3 层，塔顶有仰莲座，座上有覆钵以及相轮 5 层，双塔左右分立。

富有地方特色的塔如今内蒙古自治区准格尔旗十二连城唐墓中的陶塔，用陶瓷制成，平面呈圆形，塔的基座为覆钵形，在肩周有一圈纹饰，在覆钵顶上有一个鼓形体连着一个半鼓形体，在这之上还有一个覆钵体，比起在基座上的覆钵体更高，也更窄小，在这个覆钵体上又有一个鼓形连着一个半鼓形，形制同样也略小，在塔刹上有双层，平面呈圆形的小塔收顶，整个塔有浓郁的北方特色，同时也有一些西域的风格。

我国现存最细的塔在甘肃省合水县塔儿湾子午岭东麓，苗村河北岸的台地上，根据清代嘉庆十七年《重修皇请永固碑记》碑载："故庆之合是塔儿湾，唐有遗塔寺记。"由此推断此塔是唐代所建，此塔平面呈八角形，共 13 层，高约 12 米。密檐式塔，用红砂岩石叠砌而成。无台基及基座。塔身第一层直接从地面而出，然后便收分，形成一个浅台，再向上约 1 米处又有收分，形成第二个浅台，两处各收进约 35 厘米。塔身除了第一层用打制成的石条交错砌筑而成以外，其余各层皆用一块整石凿成。第一层塔身的高度远高于其他各层，约占整个塔高的五

| 塔儿湾石造像塔 |

▶ 塔儿湾石造像塔始建于宋代，以凿磨的红砂岩石条块叠砌而成，平面呈八角形密檐式建筑，共十三层，高约12米，径宽1.4米，原无台基及基座，形体清癯纤细。

分之一，第二层以上逐层减低，越向上越变得短小。第二层塔身南面设有拱门，应该是放舍利的地方，第四层南面也辟有假门，门上饰有浮雕，塔刹的刹基上有两层相轮，一层华盖，华盖上置宝珠。此塔比较有特色的地方是塔身第一层布满浮雕造像。塔身第一层八面每面均有浮雕石刻造像，每一面的雕刻均分成5层。最上面的一层在长宽各约半米的整石上雕刻一幅造像，以下4层均在每块高20厘米，宽50厘米的整石上雕刻一幅造像。从纵向来算，每面可以并列5个雕像，整个共有造像五六百之多，造像内容多为佛说法图。此塔径宽只有1.4米，比例呈现出瘦而高的姿态，是我国现存最细的塔。塔形制优美，小巧玲珑，富于趣味。

位于今安徽省青阳县九华山王甗峰旁的净居寺塔可以说是唐代塔的又一个特例，此塔是以不规则的乱石叠砌而成，建于唐代，历经一千余年仍保持其倾斜不倒之原状，宋朝时人便称赞它"旧塔虽攲更不倾"。

在云南省大姚县城西500米处的文笔峰上，有白塔一座，白塔得名是因塔身用石灰涂抹。此塔上大下小，形如磬锤，形制特异，比较少见，俗称磬锤塔。据《云南通志》记载："塔建于唐时，西域番僧所造。"当地《大姚县志》则谓是唐天宝年间吐蕃所造。塔平面呈八角形，以砖砌成，高约18米，塔基每边长约3米，塔身叠涩出12层密檐，内为空心。塔砖上刻有梵文及汉文经咒。

与云南白塔形状相对的还有北京张坊镇下寺村北高山的下寺石塔。此塔亦建于唐代，造型下大上小，呈笋状，塔基座高0.8米，宽

净居寺塔

○ 净居寺塔始建于宋代。净居寺塔原属净居寺内的建筑，今寺已毁，仅存此塔，此塔是一座麻石板叠筑而成的石塔，又称叠石塔。

1.2 米。塔身下半部分是用 4 块厚石板构成的佛龛，佛龛呈方形，高 1
米，宽 0.7 米，在佛龛的南面辟有拱门，高 0.5 米，宽 0.4 米，上部层
层叠涩出七层密檐，塔刹以宝珠收顶。共高 3.7 米。塔身平面呈方形，
以汉白玉砌成。在塔身南面所开拱门两侧有身披甲胄的金刚力士的浮
雕，表情生动。拱门内室正面石壁上有一组浮雕像，释迦牟尼端坐中
间，两侧各有一个弟子，雕像高 0.4 米，宽 0.44 米，略成方形。雕刻
手法熟练，线条流畅，比例适当。此外在塔身外部每两层檐之间有缠
刻枝花。

位于江苏省苏州市吴中区的天池山塔虽然属于墓塔，却有明显的高
台建筑的风格。塔的底座为一个大台子，台下有大侧脚，台子以大石条
构成。在台子正面辟有拱门，内部有佛龛。在台顶有横梁檐子，再有三
层台基，一层基层，再出第二层塔身，塔身四面均刻出圆形佛龛，整个
塔高约 13 米，以石筑成，平面方形。

另外还有一种似塔非塔、似殿非殿的形制特异的塔，见于山西长子
县东南 15 千米的慈林山法兴寺内。该塔建于唐咸亨四年（673），平面
呈方形，在方形里亦有由内槽墙组成一个小的方形平面，构成回字形。
塔为楼阁式，重檐。塔檐共叠出三层，内部有四方藻井，上面四坡既有
檐椽，亦有斗拱支檐，而且脊吻皆备，四角攒尖聚宝珠顶。塔外墙有拱
形石板门，内槽可绕行一周。塔通体用砂石板筑成，基层檐墙与内槽墙
墙身均用石板叠砌。在墙四壁有壁画，室内藻井内有浮雕八瓣莲花。亦
有称之为石殿者。

塔的形制比较特异的例子还见于安徽省青阳县九华山后山九子岩华
严禅寺塔。该塔建于唐代，石结构，平面方形，共 7 层，形制仿朝鲜佛
塔，立面呈尖锥状。

以上大致描述了唐代佛塔外观形制普遍的特点和一些特例。在唐以
前隋代塔的形制，由于隋朝历史比较短，且当时所建塔至今几乎没有
原貌保留的实例，除了上面提到的四门塔以外，其余详细的情况只有
从文献中去考证。比如下面有关隋京师天宁寺塔的记述可以使我们大
概了解一下当时塔的形制："天宁寺塔建于隋开皇末，规制特异，实其
中无阶级可上，盖专以安佛舍利，非登览之地也。其址为方台，广袤

各十二丈，高可六尺，缭以周垣，南北有门，镝之。台上为八觚坛，高可四尺，象如黄琮，塔建其上，觚如坛之数。塔之址略如佛座，雕刻锦文华葩，鬼物之形。上为扶栏，栏四周架铁灯三层，凡三百六十盏。每月八日注油燃之。栏之内起八柱，缠以交龙。墙连于柱，四正琢为门，夹立天王像，四隅琢为牖，夹立菩萨像，皆陶甓为之，仰望者疑为燕山夺玉石也。自塔址至楣柱为第一层，其高约全塔三分之一，自是以上飞檐叠拱又十二层，每椽之首缀一铃，八觚交角之处又缀一大铃，通计大小铃三千四百有奇。风作时铃齐鸣若编钟编磬之相和焉。最上一层……又上露盘相轮，鎏金火珠以

| 九华山华严禅寺塔 |

镇其顶。塔下坛八而各安一铁鼎。"由此可见隋代已经有一般密檐塔的主要特点，装饰手法上仿木结构以及刹的处理已经比较成熟且得心应手。不过在建筑手法上达到高度成熟，塔的装饰艺术绚丽多彩还是在唐代。

从建筑材料上来看，唐代除了木塔、石塔以外，更多的是以砖造塔。砖的大量烧制和使用，使砖的尺寸趋于统一，唐代的砖一般长36厘米，宽18厘米，厚7厘米。除了一般的砖以外亦有五色砖，如建于唐太和、开成年间的宝庆寺华塔便以五色砖砌成。这以外有小型陶瓷

塔，如十二连城陶塔、汉白玉塔，如下寺石塔。比较特别的是位于陕西省户县东南20千米圭峰山北麓草堂寺六角护塔亭中的姚秦三藏鸠摩罗什舍利塔。该塔高2.33米，8面12层，用玉白、砖青、墨黄、乳黄、淡红、浅蓝、赭紫及灰色等8种颜色的玉石雕刻镶拼而成，故俗称八宝玉石塔。

从装饰手法上来看，唐塔出现两层须弥座承托佛像塔，并且用莲花瓣作为平座的一种重要的装饰手法。塔身上的浮雕一种是仿木结构的假门假窗，一种是佛教内容题材，比如佛、菩萨、金刚力士等形象，植物如山花、蕉叶等图案，动物则以龙、狮、虎、豹为主。有一些比较特别的例子如山东省济南市长清区东南方山下，泰山西北麓的灵岩寺内的辟支塔，建于唐天宝十二年（753），塔基四周浮雕阴曹地府的残酷场面。又如安徽华严禅寺的谛听方塔，塑有狗的形象。可能此塔是唯一与狗有关的塔。

总体来讲，唐代须弥座多用条砖叠涩砌，束腰处多用砖雕壶门，并且束腰处显著加高。塔身多为中空，外部砌出柱额斗拱。

此外在建筑结构和装饰手法上还有两方面值得仔细研究：一是佛塔地宫，二是塔刹。

佛塔地宫是中国佛塔构造特有的一部分。原来古印度的窣堵坡即是埋葬佛舍利所用，传入中国以后佛塔发展了佛塔地宫这种形式，即在塔基之下以砖石砌筑地宫。地宫深达数米，有方形、六角形、八角形及圆形多种形式。在地宫内以舍利函、木制棺椁等安放舍利，还有

| 木雕莲花舍利塔

埋葬佛牙、佛骨、佛经、佛像、法器等其他物品。除此之外，还有舍利宝帐这种形式。

从黑龙江省宁安市渤海上京龙泉府唐代塔基内出土的舍利函来看，此舍利函由七重组成，第一、二重是石函，第三重是铁函，第四重是铜匣，第五重是漆匣，第六重是方形银盒，银盒里面是一个小琉璃瓶，瓶内装有5颗石英岩砂粒，估计应是佛舍利子的代替品。此外舍利函中还有一块琥珀、一些珍珠等陪葬品。

舍利宝帐是在陕西省临潼庆山寺唐代舍利塔塔基的地宫发现的。在主室的中间是一座石塔，平面方形，楼阁式，高约1.1米。塔上镌"释迦如来舍利宝帐"八个字。攒尖的角檐是石刻涂金凤鸟，檐下刻有各种花纹和飞天的形象。有些飞天的形象人头凤身，形象与敦煌壁画所发现的飞天形象迥异。塔身四壁刻有浮雕，其内容是佛经故事传说。宝帐内放有一个银制棺椁，身长约20厘米。椁盖上嵌有珍珠、玛瑙、水晶、宝石等七宝。银椁四周缀有珍珠串成的流苏，而且镶有鎏金菩萨。承托棺椁的是铜质鎏金须弥座。在银椁内还有一个金棺，金棺约长14厘米，金棺外镶有浮雕人物和宝石、珍珠。棺内有两个分别高45厘米和2厘米的琉璃瓶，瓶内装着以小粒的白色水晶石制成的佛舍利代用品。宝帐前一字排开三件供盘，中间盘中供品是唐三彩南瓜。以往习俗是南瓜不供佛，这一发现可作为特例。供品内还有铜质人面壶一个，壶腹中铸有6个人面浮雕，脸形和发式均是古印度风格。

佛塔地宫在形制上有许多借鉴陵墓地宫的地方，但又有许多自己独特的雕刻手法，反映了唐代高超的工艺水平。

"刹"是梵语"刹多罗"的简称，原意是田土、国土，也表示佛国佛寺。刹在佛塔中起装饰作用，并具有代表意义，也保留了古印度窣堵坡的一些风格样式。刹一般有刹基、刹身、刹顶几部分，中心用刹杆直贯相连。从建筑艺术的角度来讲，塔刹也可以看作经过艺术化处理的，起装饰和象征意义的小塔。有的刹基还有好似佛塔地宫的穴，为埋藏佛舍利和其他金银玉石之用。一般刹身亦有相轮装饰，相轮即承露盘。佛教经典《术语》里说：相轮，塔上之九轮也。相者，表相高出，谓之相。由此可见相轮由来是仰望标志，有敬佛礼佛之功用，也在塔上用相轮之多寡代表得道高僧之果位。刹顶是全塔之顶尖，一般为仰月宝珠所组成，也有火焰宝珠之形。

塔刹不仅起装饰象征的作用，从建筑结构方面来看也具有很强的实用性，因木结构塔的塔顶是多角形或是圆形的顶子，各个屋面的椽子、望板、瓦垄都集中到了这点上。塔刹不仅起压的作用以固定椽子、望板、瓦垄，而且还起到遮盖的作用以防止雨水下漏，所以总的来说塔刹起到了收结顶盖的作用，是建筑艺术中装饰性和实用性的高度结合。

第五章

园林与桥梁建筑

园林是人们模拟自然环境而创造的人文景观。最早的园林的形式是苑，是放养一些野兽供帝王行猎的一块山林之地。据记载在公元前 16 世纪的商代就有了苑，这时的苑里除了有高高的土台以外几乎没有什么建筑。到了公元前 10 世纪左右的西周时期，苑便发展成囿的形式，在囿中有人工挖的池沼以养鱼，亦有蓄养禽兽之处，并且还筑有高台，在高台上建宫室以供帝王享用。囿的面积有的方圆 35 千米左右。到了秦汉时期这种形式得到进一步发展，规模也扩大，如汉代建造的卫林苑，长达 150 千米。到了魏晋南北朝时期，由于追求诗意，崇尚寄情山水、回归自然的风气，山水园林逐渐兴起，帝王的以狩猎为主的苑囿也开始向山水园林转化。这个时期可以说是中国山水园林的奠基时期。

隋、唐时期是我国园林全面发展的时期，不仅是宫室造苑囿，而且贵族士大夫文人修建私宅园林也蔚然成风。一方面由于社会安定，经济繁荣，给修造私宅园林提供了物质上的基础；另一方面唐代绘画、诗文中追求自然山水之美的境界在园林中得到了具体的体现。这一时期的园林同诗文、绘画里的境界结合起来，把园林艺术同文学、绘画的传统有机地结合起来，形成了诗画园林的流派。比如中国古诗词里唐代诗词中有许多描绘山川形胜的诗句，绘画中亦有许多山水图，这些都是造园时绝好的借鉴。当时许多文人也直接参与了园林的设计和修造，如唐代诗人王维、白居易，他们对丰富、发展园林建筑的美学思想起到了积极的作用。

第一节

隋唐宫苑

>>>

隋代在大兴城修有大兴苑，据《唐两京城坊考》记载："隋之大兴苑，东距浐，北枕渭，西包汉长安城，南接都城，东西二十七里，南北二十三里，周一百二十里。"大兴苑位于当时宫城的北面，里面有亭、台、楼、阁等供帝王游赏的建筑，四周有围墙。除了大兴苑以外，在当时大兴城外郭城的地势最高的东南角还修有芙蓉池。据《太平御览》记载："宇文恺营建京城，以罗城东南地高不便，故缺此隅一坊之地，穿入芙蓉池以虚之。"隋代在洛阳城建有神都苑，即唐代后来之东都苑，唐东都苑缩小了神都苑的规模。据记载，唐东都苑"北距北邙，西至孝水，伊洛支渠会于其间，周围一百一十六里，东七里，南三十九里，西五十里，北二十四里"。可见原隋神都苑之规模。据记载，隋炀帝在洛阳还凿有北海池，"炀帝在洛阳凿池曰北海，周四十里，中有三山，效蓬莱、方丈、瀛洲，水深数丈，开渠通五湖，行龙凤舸"。

唐代继承了隋代的大兴苑和神都苑，并新建东内苑、西内苑和南苑诸苑，在大明宫的内廷区还挖有太液池，东南角有曲江池。唐代的皇家苑圃中最大的是禁苑，《旧唐书·地理志》上说："禁苑，在皇城之北。苑城东西二十七里，南北三十里，东至灞水，西连故长安城，南连京城，北枕渭水。苑内离宫、亭、观二十四所。汉长安城东西十三里，亦隶入苑中。苑置西南监及总监，以掌种植。"由此可以看出唐禁苑在原来大兴苑的基础上稍有扩大。在大明宫内的太液池，是从大明宫北门玄武门引漕渠水入注而修成的。太液池在大明宫的内廷，周围布有殿、台、楼、阁，池中有蓬莱仙山，并有亭等建筑。现大明宫遗址中太液池、蓬莱亭等遗迹还可考证。

　　曲江池由原来隋朝的芙蓉池发展而来，在今陕西西安市南约 5 千米处。唐代此地宫殿连绵，楼阁起伏，每逢上巳（农历三月三日）、中元（农历七月十五日）、重阳（农历九月九日）等节日，皇室贵族和达官显贵都要来此地游赏，樽壶酒浆，笙歌画船，宴乐于曲江池上。每当科举

曲江池遗址公园

| 滕王阁 |

▶ 滕王阁位于江西省南昌市赣江东岸，是江南三大名楼之一、中国古代四大名楼之一、中国十大历史文化名楼之一，世称西江第一楼。滕王阁建筑群形成了阁、廊、亭的排列顺序，主体建筑是阁本身，通过与辅亭压江亭和挹翠亭及起连接作用的回廊构成了一种类似音乐的节奏感。

发榜，新进士及第，也常到这里庆贺聚会，四方居民皆来观赏，有时皇帝也携嫔妃来游玩。对于此地的景色唐诗中有不少描绘，如唐代诗人杜甫的诗句"穿花蛱蝶深深见，点水蜻蜓款款飞"便是描写曲江池的景色的。后来在唐天宝末年间安史之乱中，曲江池遭到严重破坏。现在已探出曲江池周围彩霞亭和紫云楼的遗址。

此外，唐代杭州城和广西桂州（今桂林）等地都发展了供平民百姓游赏的自然风景区。在各地的风景建筑中最著名的是初建于唐代的江西滕王阁、湖北黄鹤楼和湖南的岳阳楼，这三座楼无论从地址的选择和建筑的形象上，都达到了很高的水平。不过，能反映这一时期唐代园林建筑特点的还是私宅之诗画园林。

第二节

私宅园林

>>>

　　诗画园林以自然景色为主导，利用自然的山水泉石、闲花野草加以雕琢，不求全也不求大，也不事精雕细刻、金碧辉煌，追求"虽由人作，宛自天开"的境界，取得了很高的成就。

　　宋代李格非著《洛阳名园记》记载了唐、宋（北宋）时洛阳园林的情况，反映了当时的盛况。这些园林皆以追求诗情画意为主，如唐、宋之间的蓝田别墅、李德裕的平泉别墅、王维的辋川别墅，"皆有竹川花坞之胜，清流翠筱之趣，人工景物，仿佛天成"。又如在焦戴川北，枕白鹿原的员庄内有莲塘、竹径、海棠洞、会景堂、花坞、药畦、碾磨、麻稻等，俚谚有"上有天堂，下有员庄"的说法。总体来讲，隋、唐园林中比较有代表性的是唐白居易私宅园林、唐裴庆公的湖园以及唐王维的辋川别墅。

　　唐代著名诗人白居易的私宅园林称为会隐园，他自云："吾有第在履道坊，五亩之宅，十亩之园，有水池，有竹千竿。"其宅第是原洛阳杨氏旧宅的基础上所营建，里面的园林17亩，园中小岛、道路、小桥和树木交错相间。环水池开辟了一条小路，池中央有三个岛，在中间的岛上有一座亭子。整个园里的布局以水竹为主，有西溪、小滩、石泉，并引水到小院卧室的桥下，有东楼、池西楼、书台楼，并有琴亭、涧亭等景点。又在西墙上构筑小楼，在墙外的街渠内叠石成山，在池中种上荷花。整个园的造园手法是划分景区和借景。

　　唐代著名诗人和画家王维的辋川别墅，是由他自己设计并指导建造的。由于他自己本身便是善于绘山水的画家和田园派的诗人，所以更能体现出诗情画意同园林艺术相结合的特点。具体的式样已经不详，不过还是可以从辋川别墅里面景点的名称推想其风貌。其主要景点有孟城坳、华子岗、文杏馆、斤竹岭、鹿柴、木兰柴、茱萸沜、宫槐陌、临湖

隋唐五代建筑雕塑史

76

亭、南垞、欹湖、柳浪、白石滩、金屑泉、栾家濑、北垞、竹里馆、辛夷坞、椒园、漆园等，并在南垞放鹤，在山溪养鹿，在圆川上驾圆月桥，并在湖沼上放舟。看来辋川别墅的布局也是以水为主，并有乡郊风味、田野风光之意趣。

在唐代园林中洛阳裴晋公宅的湖园设计得较成功，并且从中体现了许多造园的美学原则。湖园的得名是因园中凿有一湖，湖中有一堂，叫百花洲。湖北面还有一个更大的堂，名并堂，东西两面通有桂堂，在湖的右方高耸出迎晖亭，过了横池，再穿过一片小树丛，沿着曲折的小径前行便到了梅台和知止庵。竹林中望出去高于竹林之上的是环翠亭，在曲折的道路左右布满了各种花草树木，有效地隔开了各个不同的景区，使园林显得更加深邃幽远。在前沿的地方又有翠樾亭，可以把园林亭堂花木的风景尽收眼底。后有人评论此园时说，造园林布局设计之中不能兼顾的地方有六处：如果一味地追求宏大的气势，就失掉了深邃幽远之美；而强调深邃幽远，又容易只见树木、不见森林，气势上不开阔；如果人工建造的景观多了，就失掉了古朴自然的野趣；而放任自然，又无法归纳出意境；如果园林中水泉多了，地势便比较平，没有高低错落起伏之美；而如果山多水少，又失掉了流动的气韵。能把这六处都兼顾而表现出来的，只有湖园这一处而已。可见湖园布局设计水平之高。同时从上面评论的话中也可以看出，当时园林设计布局已经有了许多成熟的审美原则。

中国古代园林虽然有帝王苑囿和私宅园林，南方园林和北方园林等种种差别与不同，但都是利用环境，因高筑台，就低挖池，在上下高低不同的地势里布置亭、台、廊、榭，并种植树木花草，以表现自然，创造更典型的山水环境。所以，园林建筑在设计布局中有许多自己的美学原则和实践，在下文中我们将概略地加以叙述。

首先，不同形式的园林有不同的内容要求。比如作为帝王享用的苑囿来说，在设计布局上首先要考虑按功能内容实行分区。苑囿中主要功能分区大致可以分成宫和苑两部分。宫是帝王会见群臣、处理政务、吃饭睡觉以及看戏娱乐的地方，因此在这部分区域里的设计以楼阁殿堂为主。为了同外界联系方便，位置往往处于通向苑囿的路旁，同时还占据苑囿主要景区的一角。这样，既可以在所居住的宫中观赏苑景，也方便游玩景区。而苑的主要功能则是观赏、游玩、休息以及居住，在此区的园林布置均以山石、水面以及各种花草树木为主。位置通常处在离苑囿宫门稍远的地方，有些类似私家园林的宅第后院。但是宫和苑的功能区分也不是绝对的，帝王在苑中召见群臣、处理政务也是常见的事。除此之外，封建帝王在苑囿中还有其他活动，如拜佛、敬神、祭祀、读经、藏书等，其建筑位置有的就设在宫中或附近地区，有的则处于苑中，成为苑景的一组建筑。

在私宅园林中，也有居住、休息、游玩等各项功能划分，但相对说来更注重利用园内地形的高低起伏不平的地势和参差曲折的差别来划分景区。在每个划分出的景区中都要突出重点，明确主次，也就是说在每个划分出的景区中都要有一个主景，这样才能使景区内的景物都围绕着主景和谐地统一起来，秩序井然而不会显得杂乱无章。烘托主景的方法可以用对比的手法，在尺寸上，占地位置，造型或是装饰色彩等方面，扩大主景与景区内其他景观的对比，以烘托出主景。也可以用组织出一条中轴线的做法把主景放于中轴线居中的位置加以突出。

在划分了景区，明确主次景以后，就要把不同景区内不同的园林要素和谐地组织在一起。园林要素布局的形式有对称布置和非对称布置两种区别。对称布置一般指园林要素轴对称布置，就是在一条轴线的两侧存在两个完全对称的图形，两个图形中的相应点到轴线的距离总是相等的。这也是我国宫殿传统平面布局方式。在园林布局中，轴线往往存在于某一栋主要建筑的中央，其他次要的园林要素对称地安排在轴线的两侧。采用对称布置，使园林布局中有平稳、庄重、严肃的气氛，重点突出。这种布局方法，多见于帝王的苑囿中，从园林艺术美学来讲其意义不是很重要的。

所谓非对称布局就是各种园林要素之间，不是按几何对称关系进行排列，而是根据地形利用地势随宜布置，高低起伏，凸凹不平，曲直有度，疏密得当，顺应自然，追求"虽由人作，宛自天开"的艺术效果。非对称布局的手法是我国园林艺术取得的突出成就之一。园林的非对称布置不是任意、无规律的乱摆，而是精心运用各种手法，使园林各要素互相联系呼应，成为有组织的、谐调统一的整体。在非对称布置的园林布局中比较常见的方法，一种是利用园林要素的轴线，在园林内众园林要素有的有自己的轴线，有的是两三个园林要素排列有一条轴线，在各不同的轴线之间或重合，或相交，或平行，都可以加以利用使它们互相关联。比如两个原本没有什么联系的建筑，他们的轴线成直角相交，那么在交点处再设一个建筑物，能同时观看两种景色，那么这三个建筑物便有机地联系起来了。还有一种是利用园林要素的朝向。因为在园林建筑中一般的要素都有朝向之分，如屋宇有面、背、侧，山石、花木有面阳背阳的区别，利用这些因素使不同的园林要素之间或相对，或相背，或侧列成行，或前后呼应，形成某种联系。再有一种方法就是以庑、廊、堤桥、道路等联系性的园林要素，把其他要素有机地联系在一起。

利用非对称布置布局的手法还有许多，只是隋、唐园林今已无存，无法援引实例作具体实物的考证。下面对园林内比较有特点的建筑类型和工程，做一些概述。

唐代诗画园林山水是主要组成部分，所以园林建筑中两大工程一是掇山，二是理水。然后再配以亭、台、廊、榭等各类建筑。掇山方面，唐代有欣赏假山、奇石的风气，但规模、水平远不如之后各代，加之难以具体考证，故在此略去。理水方面在隋、唐文献中有一些记载，如上文中所记湖园的布局，湖园中的大湖，中有岛洲，是理水中的湖岛风景。隋炀帝在洛阳西苑中凿池曰北海，周环四十里，开沟通五湖四海。海北有龙鳞渠曲折绕经十六院然后入海。《洛阳名园记》里提环溪在环水之中布置楼榭亭堂，便有些类似于隋西苑北海的布局方式，虽然大小不同，但表现的意境都类似。

园林里的水景一般都以湖、沼、池为主，其平面布局有大小主次之分，水面也有聚分的不同，通常以聚为主，以分为辅。因为聚集水面，便比较大而开阔，容易形成水景的中心，水周围再配以亭榭等建筑和树木花草，便倒映生辉，风景如画。较大的水面，通常以岛、堤和桥分隔水面，以增加层次联系，使水面有丰富的变化。小的水池，则以桥、廊、小岛等方式分隔，尤其是廊桥这种形式能使水面明分而不断，效果更佳。

如果园中地势起伏变化，使水源高下不同，有落差，便可以因地制宜地设瀑布、深潭、溪涧、喷泉、涌泉等景观。如白居易在《庐山草堂记》里写道："堂西倚北崖石址，以剖竹架空引崖上泉脉分线悬自檐注砌，累累如贯珠。"这里便是利用山泉，采用人工引水的方法，剖竹架空引水，形成水帘，设计比较别致。

　　园林中特有的建筑有亭台楼榭等，其中台的制作技术比较简单，出现时间也比较早。到了唐代，台多以砖石材料制成，用石灰夯土制台，可以使台更高，而且更加耐久。台一般都有能上下的磴道和防护的栏杆。楼阁一般都是园林建筑中的主景。因为楼阁一般占地较多，造型突出，唐代楼阁著名的是江西的滕王阁、武汉的黄鹤楼和长沙的岳阳楼。不过现存的已经经过历代重修，无原来唐代的风貌，但是在宋画中还可以看

| 黄鹤楼 |

　▲ 黄鹤楼外观五层，内部实际有九层，隐含"九五至尊"之意，八方飞檐的鹤翼造型体现了黄鹤楼的独特文化，使中国传统建筑特色与文化意蕴完美结合。

出原来的样子。在中国园林建筑中应用最多的便是亭这种建筑。到了唐代以后，建亭技术上有许多创造，比如唐代天宝年间（742—755），御史大夫王铁在太平坊有自雨亭，当时盛暑季节乃引水通自屋面，只闻屋上泉鸣，"流四注，当夏处之凛若高秋"。这是古代建筑上引水取凉的例子。

园中的亭有许多形式，平面有方形、圆形、六角形、八角形、十字形、扇形等；立面有攒尖顶、单檐、重檐及三重檐的形式。园中亭多不设门窗，为开敞性建筑，在柱间可以安坐凳，如在水边、山崖，还可做成栏杆或靠背栏杆。

廊也是园林中用来灵活布置而比较常见的建筑。唐宪宗时，大明宫内太液池南岸曾建廊四百间。廊在园林中主要用作联络建筑间交通之用，也可作为导游路线。在园林建筑中还用廊来划分景区，有透有障，可以增加空间层次。其形式主要有直廊、曲廊、两廊相并的复廊，用以分隔园内空间，又互相通透，增加空间层次感。建于山坡联系山上下建筑的爬山廊，丰富了园林景色。此外还有临水的涉水廊和楼阁建筑之间的双层通廊。

除此以外，园林特有的建筑还有榭与舫等。

隋、唐时的诗画园林，把诗情画意、自然山水都溶入造园艺术之中，既是南北朝以来寄情山水之风的继承，也是唐代诗画传统同建筑艺术的有机结合，不仅是"诗中有画，画中有诗"，也可以说唐代园林艺术"园中有诗，园中有画"，在中国园林艺术史上有自己独特的地位。

第三节

桥梁建筑

>>>

隋、唐时期继承和发展了以前各代桥梁形式。隋、唐时期也有许多著名的桥，如西安灞桥，扬州二十四桥等，但这一时期最能够表现其造桥水平，在建筑史上有重要意义的还当数建于隋大业年间（605—616）

| 赵州桥 |

● 赵州桥是世界上现存年代久远、跨度最大、保存最完整的单孔坦
弧敞肩石拱桥。其建造工艺独特，在世界桥梁史上首创敞肩拱结构形
式，具有较高的科学研究价值。在中国造桥史上占有重要地位，对后
世桥梁建筑有着深远的影响。

的赵州桥。

    赵州桥，又名安济桥、大石桥。位于今河北省赵县县城南 25 千米
的洨河上。隋匠师李春主持修建，迄今已有 1 300 多年的历史，依然完
好，是我国保存至今最古老的一座石拱桥。

    拱桥是指以拱为桥身主要承重结构的桥梁。拱在竖向荷载作用下主
要承受压力，因此可以采用抗拉力强度较差，但是抗压强度良好的砖石
材料建造。由于石料在我国分布广泛，可以就近就地取材，而且造价低
廉，经济实用。所以用石材造成的拱桥在全国各地分布广泛，是比较常
见的桥型。我国的拱桥历史悠久，数量众多，在建筑艺术上适应各种不

隋唐五代建筑雕塑史

同的实际需要，有多种造型，同时也反映了我国在建筑力学方面的高度成就。

赵州桥是一座敞肩坦拱桥。所谓坦拱，就是指矢跨比值小于四分之一的拱桥，此种桥型为我国首创。而敞肩的形式则是赵州桥在设计上的独到之处，突破了以前实腹拱的传统形式。有关赵州桥的情况，唐中书令张嘉贞所作铭里有详细描绘：

> 赵郡洨河石桥，隋匠李春之迹也。制作奇特，人不知其所以为。试观乎用石之妙，楞平砧砎，方版促郁，缄穹隆崇，豁然无楹，吁可怪也。又详乎叉插骈坒，磨砻致密，甃百象一，仍糊灰墨，腰纤铁靻。两涯嵌四穴，盖以杀怒水之荡突，虽怀山而固焉。非夫深智远虑，莫能创是。其栏槛华柱，锤斫龙兽之状。蟠绕挐踞，睢盱翕欻，若飞若动，又足畏乎！
>
> 夫通济利涉，三才一致。故辰象昭回，天河临乎析木。鬼神幽助，海石到乎扶桑。亦有停杯渡河，羽毛填塞，引弓击水，鳞甲攒会者，徒闻于耳，不见于目。目所见者，二所难者，比于是者，莫之与京。

此文写于离隋不远的唐朝，文中写是李春所造，应该是比较可信的。文中写石块平展紧凑，中间逐渐高起，而下面开阔没有桥柱，真是奇怪。可见在当时拱桥还是比较先进的设计。而"叉插骈坒……腰纤铁靻"则描绘了并列砌筑拱券，并以腰铁加固的施工方法。"两涯嵌四穴"说明两个拱肩上有四个小拱，这样由原来实腹拱的传统形式改成敞肩的形式，这点是首创。在桥面两侧的栏板上有浮雕的行龙和饕餮等兽的形状，在望柱上有狮首、蟠龙、竹节等形象。狮子蹲立准备搏斗的样子，以及怒目而视迅疾的表情，栩栩如生。

赵州桥这样的设计充分地考虑到了当地的实际情况，有很强的实用性。首先它的主拱净跨度 37.02 米，净矢高 7.23 米，矢高仅有主拱净跨度的五分之一，这样坦拱形的设计可以降低桥梁纵向坡度，使桥面比较平缓，便于人马车辆通行，这点是考虑到赵州桥位于华北平原南来北往的交通要冲，车辆人马流量较大的情况。其次改变了以前拱桥在拱肩上填满砂石的实腹拱形式，在两肩上各建两个跨度为3.81米和2.85米的两个小拱券。这样的设计，减轻了桥的自重，加上坦拱的形式，对于桥台的要求就比较低了。赵州桥的桥台仅由五层石料砌成，厚仅1.50米，宽则稍大于拱宽。放在天然的粗沙层上，这样的设计可以降低造桥成本，缩短工程时间。在1956年重修赵州桥时，在桥台边2米深的淤泥里发现了木桩，可见当时也可能在天然的粗沙地基的基础上使用过木桩作为加固措施，以减少沉陷。此外，坦拱桥跨度较大，有利于排洪，在拱肩上开四个小拱，更加强了这个效果。

赵州桥在建筑工艺上采用了纵向并列砌置的施工方法，即将每拱分为28券，每券用腰铁将43块1吨重的拱石连接起来，一圈合拢，就能单独承受压力，帮助邻圈施工，再借助腰铁、铁拉杆等铁制构件，加强横向联系，合零为整，将28个纵向并列券结合成为一个整体，这种方法便于施工和维修。使用腰铁、铁拉杆是为了解决纵向砌筑方法带来的券与券之间横向联系不够的缺点。腰铁是在相邻拱石之间两侧立面上楔入银锭样铁制物，呈腰子形，每块拱石的端部和侧部各使用两块，使整个拱券形成整体。铁拉杆也是起加强拱券之间横向联系的作用，赵州桥在主拱的拱背上安放了35条铁条。除了这两种方法之外，还采用了护拱石和钩头石来加强拱券之间的横向联系。护拱石是平铺于拱背两侧的石料，这样可以从纵向加大拱脚的受力面积。赵州桥护拱石厚度在拱脚为30厘米，向上逐渐减薄，到拱顶时为16厘米。赵州桥所用的钩头石，长1.80米，外露的一头有下端，有高5厘米的钩置于两侧护拱石间，勾住大拱，以防止其外倾。

赵州桥长50.82米，宽9.6米，造型秀丽，如"初月出云，长虹饮涧"。桥两侧的44根望柱和42块栏板上的浮雕，优美生动。此外它设计经济，且符合近代结构力学原理，经多次洪水却无显著沉陷，反映了高超的工艺水平。英国的李约瑟教授称："李春的敞肩拱桥建筑成了现代许多钢筋混凝土桥的祖先。"

此外，在隋、唐时期还留下了许多在文化史上比较著名的桥，如著名的扬州二十四桥。唐诗人杜牧曾有诗云："青山隐隐水迢迢，秋尽江

| 扬州二十四桥 |

南草未凋，二十四桥明月夜，玉人何处教吹箫。"即指扬州二十四桥。除此文外还有许多吟咏扬州二十四桥的诗作。二十四桥的名称据记载："最西浊河茶园桥，次东大明桥，水入西门有九曲桥，次南门有下马桥，又东作坊桥，桥东河转向南有洗马桥、次南桥，又南阿师桥、周家桥、小市桥、广济桥、新桥、开明桥、顾家桥、通泗桥、太平桥、利国桥，出南水门者有万岁桥、青园桥，自驿桥北河流东出有参佑桥，次东水门东出有山光桥，又自衙门下马桥直南有北三桥、中三桥、南三桥，号九桥不通船。"这二十四桥各自的样子已经难以考证，只是偶尔见于典籍记载，如当时的开明桥："桥上有楼，四面皆窗。"可以推想当时这二十四桥应是装饰性很强，姿态各异，各具风韵。

此外比较著名的桥还有长安灞桥，隋开皇年间建于原汉灞桥之南，"因西京送行者多至此折柳赠别，亦名销魂桥。"唐代也留下了许多吟咏它的诗文。

第六章

>>>

石窟艺术及雕塑艺术

6

第一节

石窟艺术

>>>

石窟最早产生于印度，是一种佛教寺庙，印度石窟分为两类，一类是毗诃罗（vihara），也称僧房，石窟为方形，中央是佛堂，四壁有若干僧房，另外一种称制底（Caitya），呈马蹄形，前部是长方形的礼堂，中央有覆钵形的小塔，塔左右凿有八角形石柱，后部呈半圆形，制底的意思即是塔庙。

佛教自东汉末年传入我国以后，开凿石窟的风气便逐渐流行起来，到了南北朝与隋、唐达到高峰，五代以后逐渐衰落。

目前存石窟200余处，分布于全国各地，其中开凿于隋唐或隋唐有大批雕像在其中的石窟大致有新疆克孜尔千佛洞、台台尔千佛洞、克孜尔朵哈洞、库木吐喇洞、玛扎伯赫洞、森木撒姆洞、吐火拉克埃艮洞、西克辛洞、雅克崖洞、吐峪沟千佛洞、佰子克里克洞、胜金口洞；甘肃敦煌石窟、马蹄山石窟、天梯山石窟、炳灵寺石窟、固原石窟、麦积山石窟、武山石窟、宁夏圆光寺石窟、陕西大佛寺石窟、麟游摩崖石窟、山西云冈石窟、天龙山石窟、佛凹山石窟造像、河南龙门石窟、浚县千佛洞、陕县摩崖造像、裕山石窟造像、河北隆尧摩崖石室、响堂山石窟、山东云门山驼山石窟、济南大佛寺、九龙山造像、四川千佛崖、大足石刻造像、仁寿石刻造像、乐山凌云寺摩崖大佛、玉女泉造像、皇泽寺造像、巴中摩崖造像、安岳石刻、通江摩崖造像。

新疆地区的石窟开凿比较早，因为古代新疆地区是联系亚欧大陆的通道，佛教的传播传入比较早，现所存石窟多在新疆拜城和吐鲁番地区。新疆地区的石窟其土质多为红砂岩与黄土的混合物，比较松散，不太适合雕刻，易被风雨所侵蚀，但由于新疆地区气候干燥，所以一些石窟还是保存了下来。新疆的石窟以克孜尔千佛洞为代表，克孜尔千佛洞的石窟的形状有三种：一种是平面长方形，分前后两室；第二种开甬道，甬道后开横券顶的后室，室内的后壁凿长方形的石台；第三种便如印度僧房形石窟。在这些石窟中，具体考证隋、唐之所建比较困难，佛像也几无存。唐代新疆地区比较完整精美的雕像，位于今吐鲁番与库车之间，卡拉撒尔附近的此儿秋支库地方的麟麟窟。内有佛像一座，结跏趺坐，右手屈于胸前，眉宇秀丽，面目祥和，螺发，结犍驮罗式手印，为唐代手法。台座上端描出莲瓣纹样，其下须弥座前左右分为两大圆形的图案模样，大圆形内周做出六个小圆形花纹，中心有麒麟的模样。头发、服饰以及面貌各部均装銮彩色，微有剥落，全身体态姿势颇有均衡和谐之美。

在新疆的其他石窟中新疆焉嗜的西克辛洞窟内有唐代藻井，在新疆的雅克崖洞中有隋代开凿的千佛洞。

甘肃地区的石窟最著名的莫过于敦煌莫高窟。莫高窟在敦煌市东南45千米的鸣沙山下。据文献记载敦煌莫高窟始建于前秦建元二年（366），僧乐僔开始凿窟造像，以后经北凉、北魏、西魏、北周、隋、

| 克孜尔千佛洞 |

唐、五代、宋、西夏、元等朝代，建窟活动持续了一千多年，在它的全盛时期有洞窟 1 000 余个，现尚存 800 个，其中有编号的有 492 个，南北长 2 千米。敦煌地质为玉门系砾岩，是卵石与砂土的混合物，不宜雕塑，所以以泥塑和壁画居多。

目前现存的窟中北朝约占十分之一，隋代各窟一般开在魏石窟的北端及下层，石窟的形制除了继承北朝的中心柱石窟外，又出现了正中设坛的方形窟。唐朝是莫高窟的全盛时期，现存唐代窟有 232 个，几乎占总数一半。唐代石窟平面呈方形，在后壁凿有很深的龛，内有塑像，窟顶演变为覆斗形，正中心凿成方形藻井形式。唐末宋初的仿木建筑外建木构石窟目前存有 5 个，都是三间四柱，深约一间，当心间开门，左右两次间开窗，所有的柱皆是八边形，柱上有斗拱，柱下无柱础，柱立于地袱之上，袱下有挑出岩体的悬臂梁，梁间铺设木板即成为洞窟之间的

| 敦煌莫高窟藻井壁画 |

交通栈道。各窟形制古朴，斗拱的风格与八边柱与同期中原建筑差别很大，可能因为敦煌地处边陲，在建筑上保持着比较古老的传统。

在隋、唐开凿的石窟中保存了许多壁画和泥塑。隋窟里的泥塑还未发展成熟，造像一般头大，颈粗，脸形丰满，比较厚重，头大身小，臂长脚短，如敦煌莫高窟第427窟中央塔柱前侧的一佛二菩萨。但有一部分雕像圆润洗练，手法细致，已经成为唐风的先导，如莫高窟第244窟的协侍菩萨。

莫高窟里唐塑现存670多躯，唐代莫高窟塑像组群通常是一佛、二弟子、二菩萨、二供养菩萨、二天王、二力士所组成。唐代的佛像面容安详，脸部圆润丰满。菩萨一般是柳叶眉、凤目、小口、厚唇、肩阔、胸满、腰细、手肥，如第45窟正壁龛中北侧菩萨。第46窟佛的弟子迦叶雕像更接近于写实，脸部有皱纹，眉毛与胡须以点绘表现。莫高窟的天王像怒目圆睁，身披盔甲，双手叉腰，脚踏夜叉，形象孔武有力。第194窟力士像造型肌肉饱满，这种写实的手法表现了佛教从神性向世俗化的发展。如上文所说的菩萨形象完全是唐贵族女性的形象，当时便有"菩萨似宫娃"之说法，这种比例和谐，近于写实的手法，也表现唐代雕塑水平的提

| 莫高窟张骞出使西域壁画 |

莫高窟张骞出使西域壁画位于敦煌莫高窟第 323 ▶
窟，学者推论建于初唐。分前后两室，前室残，
人字披顶；主室（后室）平面呈方形，覆斗形
顶。此窟以佛教史迹画为主要题材。

高。另外，莫高窟唐代还出现了一些大佛像，如第 130 窟中有高 26 米的大佛，第 96 窟中有高 33 米的大佛，第 158 窟中有长 15 米的卧佛。

除了敦煌莫高窟以外，敦煌地区比较有代表性的石窟是麦积山石窟和炳灵寺石窟。炳灵寺石窟在今甘肃省永靖县西南 35 千米黄河右岸的积石山中，"炳灵"在藏语中是十万大佛之意。石窟土质为红砂岩，现存 36 窟，其中有唐代雕塑大佛像，高 27 米，且多飞桥栈道。麦积山石窟在甘肃省天水市东南，现存洞窟 194 个。土质为砾岩。麦积山石窟的主要特色是崖阁和天梯栈道，崖阁一般在窟前设有窟廊，用廊柱分隔为 3 间，7 间。廊后每间设一佛龛，造型承袭了我国木构建筑的传统，至于造崖阁的情况，《秦州天水郡麦积崖佛龛铭》中写道："载辇疏山，穿龛架岭，纥纷星汉，回旋光景。壁累经文，龛重佛影，雕轮月殿，刻镜花堂。横镌石壁，暗凿山梁。"麦积山比较陡峭，施工比较困难，据五代时《玉堂闲话》记载："自平地积薪，至于岩巅，从上镌刻其龛室神像，功毕，旋拆薪而下，梯空架险而上。"意思就是先在平地上搭起鹰架到顶峰，然后自上而下施工，施工完毕再层层拆去，架起栈道。同样在《玉堂闲话》里记述栈道："麦积山由西阁悬梯而上，其间千房万屋，缘空蹑虚，登之者不敢回顾。""更有一龛，谓之天堂，空中倚一独梯攀缘而上，至此则万中无一人敢登者。"栈道主要是用来联系各窟间的交

通，有的在峭壁上开凿垂直于壁的梁孔，置以挑梁，上铺木板，外设栏
杆。较宽的栈道在梁头加以撑柱，撑住下端插入岩石。也有如上文所说
的悬梯和独梯的形式。

　　陕西的石窟主要有大佛寺石窟，石泓寺石窟，麟游摩崖石窟。大
佛寺石窟位于彬县城西 12 千米处，建于唐贞观二年（628），平面呈半
圆形，直径约 21 米，高 30 余米。倚岩雕大佛，结跏趺坐，两侧侍立
二菩萨。大佛高 24 米，面相丰腴，造型庄严肃穆，雄伟匀称。菩萨各
高 5 米，在菩萨背光雕出佛 7 尊，飞天 19 个。窟前有楼 5 层，高 30 余
米。文献记载大佛寺石窟："其崖壁立百余仞，无阶可涉，石佛嵌空而
坐，其崇八丈，前起层台飞阁，止露一乳以其半掌，阁底窍通，中寒泉
清洌，彻及肌骨，上镌：贞观二年开凿，其余孔洞皆在阁东，版栏比
比，人语出于石中，鸡犬鸣于天半。"在大佛寺石窟之西有罗汉洞的窟
群，东有千佛洞。

　　麟游摩崖石窟在陕西省麟游县西南约 20 千米处，分为慈善寺、南
窟、北窟三处，摩崖四处。北窟深 6 米，窟顶略呈弧形，内有佛像 3
尊，窟壁亦有 2 个佛龛，其中一个龛内有立佛像，窟外有 5 个摩崖佛
龛，均呈方形，有的佛龛内雕一佛，有的雕有一佛二弟子，造像基本
完好。南窟高 5.6 米，深 2.6 米，窟顶较平，内有立佛一尊，高 4.6 米，

其北壁有尖拱形佛龛一个，每边长 1.25 米，龛内有一佛二菩萨。南壁亦有佛龛一个，内雕一佛二弟子。据县志记载石窟于唐永徽四年（653）开凿。在其不远处有千佛院摩崖造像，在百尺崖面上雕有佛、天王、力士、菩萨等像，雄伟壮丽。据县志记载，与慈善寺石窟大约同一时期开凿。石泓寺石窟在陕西省鄜县（富县），开凿于唐景龙年间（707—710），东西 70 米，现存 7 窟。

山西石窟中有代表性的是云冈石窟和天龙山石窟以及响堂寺石窟。云冈石窟在山西大同市西北 16 千米的武周山南麓。土质为砂岩侏罗纪中灰黄色中粗砂岩和暗红色砂质页岩成互层状。主要窟洞有 53 个，分为东、西、中三区，东西绵亘 1 千米，是我国古代最大的石窟群之一，

| 云冈石窟 |

造像有 5 万余尊。在椭圆形、方形，两室与塔柱三种平面上。云冈石窟在当时并不仅是一些窟洞，在它前面还有许多木构建筑群。据《朔平府志》所述："寺原十所，由隋唐历宋、元，楼阁层凌，树木蓊郁，俨然为一方胜境。"当时不仅有佛寺，尚有许多木构窟檐。响堂寺石窟在山西榆社县城西南 5 千米处的庙岑山，其中在千佛洞一区有坐佛高 3.3 米，面形方圆，结跏趺坐，披袈裟，为唐代风格雕塑。

天龙山石窟位于山西省太原市西南 40 千米左右的天龙山，共 21 窟，分布在天龙山东西二峰腰部。石窟最早建于东魏末年，以后北齐、隋、唐都有开凿，其中唐窟最多，占 13 窟。天龙山第 14 窟，可以说是唐代造像中最为出色的地方，在此窟后壁雕有 3 尊佛。左右壁各有半跏趺坐或立着的菩萨雕像。特别是位于西壁的菩萨，在莲花座上半跏趺而坐，姿势处理得非常富有动感，上半身稍向左倾，头亦随之作侧倾，眉目纤长，显示出盛唐的特征，颇有写实的手法。宝冠、佩钏、腕饰都比较新奇，胸腰脐臂皆袒露于外，其余部分亦由罗衣底下透露于外。唐代造像中"曹衣出水"的手法在此运用得十分成功，肌肉的起伏运动通过衣裙褶皱的线条得到表现，既表现出衣料的柔软质感，又表现出肌肉的质感。像后加以朴素的背光，更增强此像的效果。

天龙山第 17 窟中左右以及后壁的三方均设有佛龛，特别是东面的木尊释迦如来倚像，倚坐于方座之上，姿势端庄，面容祥和，衣纹褶皱流畅，颇有韵律，手法圆润简练，可以说是一种近似于白描的手法，在唐代塑像中别具特色。

天龙山第 21 窟在西峰的最西端，洞宽 2.4 米，纵径 3.3 米，高约 2.1 米，窟中有佛及协侍菩萨塑像。释迦牟尼佛居中，在莲花座上结跏趺坐，眼帘下垂，半闭，面容温和。背光作尖圆形，比较注目，披挂与肩头的天衣，经臂腕而达于腿腰之上，其下裙，披挂于莲座的橡边，以写实的手法刻画起伏垂披之状，衣纹线条流利，背光与身相相配合，取得了和谐一致的效果。本像在天龙山唐代塑像中技法比较优美突出。

天龙山石窟唐代雕像以圆雕法雕出，雕刻粗细，比例和谐，华美壮丽，称著于世，被誉为天龙山样式。可惜 21 世纪以来，天龙山雕像屡

|天龙山石窟|

遭劫掠，有 150 多件精美的雕刻品被盗往国外，散失在日本和欧美各国。已经查明世界各地出自该窟的石雕共 47 件，如天龙山第 21 窟北壁本尊现在美国哈佛大学福格艺术博物馆，21 窟正壁菩萨头像现在美国纽约大都会博物馆。

河南石窟之代表是龙门石窟及该县千佛洞。龙门石窟在河南省洛阳市南 13 千米的伊河两岸，《水经注》云："两山相对，望之若阙，伊河历其北流，因又名伊阙。"石窟造像开凿于北魏太和七年（483），后北魏迁都洛阳以后开始大规模营造，后经东西魏、北齐、北周、隋、唐历代四百余年大规模建造，两山窟龛，密似蜂窝。据《石言·洛阳龙门》记载："全山造像九万二千三百零六尊。"而实际上共计窟龛 2 100 有余，造像 9 730 余尊，题记和碑碣 3 600 多品，佛塔 39 座。其中唐代的代表作有潜溪寺、万佛洞、奉先寺、看经寺等。潜溪寺又名斋祓堂，在龙门山（西山）北端。为此处第一大窟。因为寺下泉水迸流，故名潜溪寺。石窟于唐代初年开凿，第 5 窟名敬善寺洞，为唐高宗显庆末年至龙朔初年之间（约 660 年）由太宗妃纪国太妃韦氏所凿造，洞内雕有一佛、二弟子、二菩萨和二天王，其主佛释迦牟尼佛像气魄宏大，比例匀称，衣纹简洁，脸形及体躯饱满圆浑。两协侍菩萨脸型尤其俊秀，由颜面到胸、腰，曲线流畅自然，表现出初、盛唐菩萨造型的特色。两天王身披盔甲，脚踏夜叉，怒目圆睁，表情生动。

万佛洞位于龙门山（西山）南部，建于唐永隆元年（680），因洞内南北两壁满刻一万五千尊佛，故名万佛洞，正壁阿弥陀佛端坐于八角形束腰莲花座上，神态祥和端庄，背后刻52支莲花，每支莲花上端坐一位菩萨或供养人像，造型十分别致。南、北两壁佛像卜雕有伎乐人，舞者婀娜多姿，衣带飘扬，奏乐者手执乐器伴奏，整个布局结构极富于动感，洞口南壁的观世音像，右手提拂尘，轻倚肩头，左手执净瓶，造型秀丽。平的天井上中央刻着大莲花，其周围刻"大唐永隆元年十一月卅日成，大临姚神表内道场智运禅师，一万五千尊佛龛"的字样，所以本洞亦称智运洞。

奉先寺石窟位于龙门山（西山）南端，在龙门唐代石窟中，奉先寺石窟是最大规模的一个，据《大卢舍那像龛记》载："粤以咸亨三年壬申之岁（672）四月一日，皇后武氏助脂粉钱两万贯，……至上元二年乙亥（675）十二月卅日毕功。"算下来用了3年零9个月才完工。佛龛南北宽约36米，东西长约41米，有卢舍那佛、弟子、菩萨、天王、力

| 龙门石窟奉先寺 |

士等 9 尊雕像。卢舍那佛高 17.14 米，菩萨高 13.25 米，弟子高 10.65 米，天王 10.50 米。卢舍那佛结跏趺坐，着通肩式大衣，发髻厚大，作波纹状，面相丰满安详，庄严持重，既有男性的雍容大度、气宇轩昂、庄严肃穆的风度，又有女性善良亲切、聪慧典雅之气质。头部微向前倾，双目俯视，含蓄、微妙的表情似乎正在给观者一个重要的启示，极富有感染力。眉宇之间有一种佛教特有的温和的容色，写实与理想已经巧妙地融合在一起了，可惜双手双膝均已丢失，未能窥其全部。背后岩壁间刻有火焰纹的背光，与佛像和谐地统一为一体。两旁侍立的弟子迦叶尊者严谨持重，阿难温顺虔诚，菩萨端庄矜持，天王瞋目而视，力士威武刚健，群像形神兼备。以卢舍那佛为中心左右排列，次列有序，佛像高度都是按其身份地位而定，颇有些似封建社会中的君臣形象及尊卑制度。

奉先寺石窟严格地说来是一个巨大的露天佛龛，而不是窟洞，因为它没有采取开凿窟洞的方式，而是在人工斩出崖壁的基础上，就露天雕造佛像、佛龛。这样便利用山势，减少开凿山崖的工程量，所以工程时间比较短。

看经寺石窟位于龙门香山（东山），建于唐代武则天统治年间，洞顶雕有莲花藻井，上面的浮雕飞天，体态丰润，衣带飘逸，给人一种凌空飞舞的韵律感。壁下浮雕 29 尊高 1.8 米的罗汉像，相传是从迦叶到达摩 29 个法师的传法谱系图，刻画入微，实是唐代浮雕中的重要作品。

在龙门石窟中构思新奇的雕刻，比如敬善寺窟壁出现的优填王（释迦佛之信徒）的龛像，雕法别致，别具风格。在高平郡王洞北壁一支莲花雕刻上生五朵莲花，上分别为一佛、二弟子、二菩萨，构思和艺术处理颇为别致新奇。

中、晚唐时期龙门石窟中的石雕题材上，阿弥陀、地藏、观音形象增多，弥勒像锐减。密宗的造像开始流行，如擂鼓台北洞的大口如来像，头戴宝冠，有项饰、臂钏等，这时还出现了四臂观音、八臂观音、千手千眼观音等，总体来讲，这一时期造像形体已经有些沉滞，比起初唐和盛唐逊色了许多。比较出色的作品有四雁洞莲花藻井四周的四飞天、四飞雁浅浮雕，雁的形象腿长似鹤，与飞天一起环绕在藻井周围，活跃而优美，颇富于装饰性。

在河南还存有一处比较有代表性的隋代造像的石窟——灵泉寺石窟，位于河南省安阳市宝山，山有南北二峰，中有一东西向峡谷，石窟即在峡谷两侧，中间原来有灵泉寺。北峰东南侧有106窟，南峰西北侧有64窟，共170窟。从东魏武定四年（546）开凿大留圣窟起至宋朝末年，历时600余年。其北峰东南正中的大住圣窟开凿于隋开皇九年（589），石窟呈方形，面积为5.8平方米。拱券门两侧雕罗那延神王和加毗罗神王像，手持叉剑，相貌凶恶，门阁上方凿一个佛龛，里面雕有一佛、二菩萨。窟内顶部刻莲花藻井，周围饰以飞天。窟的东、西、北壁皆有一拱券式佛龛，内亦有一佛、二菩萨像，两旁又竖刻不同姿势的坐佛像，每排有7尊，每壁有14个。门的内壁刻有24位佛的名字，至今保存完整。是研究隋代雕刻艺术的重要资料。

四川地区唐代开凿的石窟主要有四川广元、夹江的千佛崖，大足石刻，仁寿石刻，乐山凌云寺摩崖大佛，皇泽寺造像，巴中摩崖造像，安岳石刻，通江摩崖造像等。

盛唐以后修造石窟的风气以四川为最盛，由于四川地区多为红砂岩土质，质地细密，适合进行雕刻，可供匠人发挥，所以在四川地区石刻中颇有精品，而且不仅有目前世界上最大的佛像——乐山大佛，也有微型有微雕风格的佛龛，如夹江千佛崖69号佛龛。四川的石窟特点是摩崖造像，很少开凿窟洞。摩崖造像以开元三年（715）剑南按察央韦杭于四川广元市北古代由秦入蜀的栈道崖壁上开凿的千佛崖为代表，窟龛层层叠叠，最多有13层，高达40米，原有佛像17 000余尊，现仅存7 000尊。四川夹江的千佛崖建于唐开元十四年（726），有龛220个，其中有唐大中十一年（857）刻石。在第69龛《西方净土变相》在两米见方的龛中竟雕出270个人物，还有经幢、宝塔、楼台、殿阁、拱桥水池，池中有荷叶莲花，划动的小船……表现出精确的设计能力和细致的雕刻手法。

四川乐山凌云寺的乐川大佛位于今四川省乐山市东面岷江、青衣江、大渡河三江交汇处，开凿于唐开元元年（713）至唐德宗贞元

四川乐山大佛

🔺 乐山大佛，又名凌云大佛，大佛为弥勒佛坐像，通高71米，是中国最大的一尊摩崖石刻造像。

十九年（803）才完工，历时90年。大佛高71米，鼻长5～6米，肩宽24米，体型魁伟，是云冈立佛的三倍，也是目前世界上最大的佛像。

唐时开凿的重庆大足石刻由和尚赵智凤主持开凿，石窟绵延2.8千米，利用地形有计划地开凿了北山、南山、宝顶等13处，宝顶窟有龛窟290个，造像3 000余尊。主要题材是《净土变相图》《九龙洛太子》等。

位于仁寿的仁寿石刻造像开凿于唐代，有望峨台、千佛崖、龙兴寺、蛮子洞、父子寺等 5 处，由于岩石疏松，现大都已风化。其他建于唐贞观五年（631）的四川广元皇泽寺造像有石窟 6 个，龛 20 余个，内室、佛龛、柱子均呈方形。四川巴中的摩崖造像建于唐、宋年间，有东、西、南、北和大佛寺 5 处。唐代安岳石刻有千佛寨等 15 处，唐代的通江摩崖造像有佛龛 15 个。

总体来讲，隋、唐时期的石窟遍布全国各地，而且出资修造者有王室、贵族、官僚，也有平民百姓，风气之盛由此可见一斑。如此繁荣的局面不仅仅是统治阶级的倡导和佛教的传播，隋、唐时期社会安定、经济繁荣，也为大规模的石窟造像提供了良好的物质基础。

从风格特点来说，隋代的石窟造像明显地表现出过渡时期的特点，一方面继承了北朝石窟雄浑厚重的特点，同时一部分造像流畅细腻，已经开始成为唐风的先导，风格并不统一。在题材上由早期的一佛二菩萨增加了迦叶和阿傩二个佛的弟子，变成一佛、二菩萨、二弟子。佛的印相变化增多，有上下重叠两手的本式定印者，亦有触地、说法等印相。在衣纹的处理上已经不用北朝彩塑那种稠密而有规则的阴影褶皱，衣褶趋于写实，流畅轻巧之曹衣出水的境界，可以说是唐风的先驱。

到了唐代以后，塑像艺术全面走向成熟。这首先表现在技法上，雕塑家可以得心应手地去表现任何对象，庄严祥和的佛的形象、秀丽的菩萨、威猛的金刚力士形象，都可以自如地刻画。而且唐代结合了南北朝以来北朝凝重古朴的传统和南朝清秀柔媚的风格，形成了自己的风格，做到了雄伟庄严而不呆板沉滞，秀丽妩媚而不失纤弱单薄，威武雄壮而不失于粗拙。而且在佛像的组群上疏密得当，动静得宜，高低错落十分和谐统一。在题材上，除了出现天王、力士以外，中唐以后盛行密宗，又增加了大量的新的题材，如千手千眼观音，对于服饰、装饰、器物和式样都比以前丰富了许多。技巧也有很大提高。

隋、唐佛教中国化、世俗化的进程在石窟佛造像艺术中得到了具体的印证。魏晋南北朝时佛教塑像肃穆庄严，以神性为主，强调苦修而无我，到了唐代佛像更多地表现了人性，如菩萨的造型是贵族女性形象，

重庆大足石刻

⬆ 重庆市大足石刻以其规模宏大、雕刻精美、题材多样、内涵丰富和保存完整而著称。其集中国佛教、道教、儒家造像艺术精华，以鲜明的民族化和生活化特色，成为中国石窟艺术中一颗璀璨的明珠。

佛的庄严亲切、金刚力士的威猛之表情都比较富于生活性，各种表情不同的变化都比较富有人情味，对衣服、器物以及各种装饰都是以写实的手法进行处理。所以生活化和写实是隋、唐时石窟造像艺术之特征。而风格以圆熟、洗练、华美为主导。

第二节
雕塑艺术

>>>

有关陵墓石刻雕像和石窟中佛造像艺术，我们在陵墓一节和上文石窟艺术中已经介绍过了，本节主要研究雕塑艺术中具体的形象和其他类的雕塑艺术。

在上文所述的石窟艺术中，一个比较重要的形象就是飞天，梵文里名字叫乾达婆，是佛教中的一个形象，《法华经·壁喻品》里面说："诸天使乐，百千万神，于虚空中一时俱作，雨众天华。"便是描述飞天散花之景。佛说法时飞天飞翔在空中，散发出香味，发出悦耳的声音，于空中散花表示赞叹。在东汉末年便有飞天散花的形象，一开始为男身，后来描绘为女身。在石窟艺术中中国艺术家将其发展成为丰满而生动的艺术形象，而且不同时代的飞天形象风格各自不同，代表了不同时代的艺术特征。

飞天的形象一般见于各石窟，但主要分为云冈飞天、麦积山飞天和敦煌飞天三种。云冈飞天基本上是在一个不大的框架内，如半圆形、方形、三角形、多边形的框架，进行塑造，其作用主要是装饰和填补空白之用。云冈石窟里的飞天有的保持了早期短胖的形体，到后期身体逐渐拉长，最后身体各部分如手臂、脸、颈、腹、腿，都逐渐伸展，发展成一种曲线起伏，婀娜多姿的形象。麦积山石窟里的飞天形象，主要表现

敦煌莫高窟　飞天

🔺 敦煌壁画中的飞天于洞窟创建同时出现，从十六国开始，历经十个朝代，历时千余年。在佛教初传不久的魏晋南北朝时，曾经把壁画中的飞仙亦称为飞天，飞天、飞仙不分。后随着佛教在中国的深入发展，佛教的飞天、飞仙在艺术形象上互相融合。敦煌飞天就是画在敦煌石窟中的飞神，后来成为中国敦煌壁画艺术的一个专用名词。

出一种巾服的飘举之感，这些飞天的身体并没有被拉长变形，但通常通过宽大的袖袍被风吹起飘洒的样子来刻画线条，表现动感。敦煌的飞天形象最为丰富，不仅存于彩塑，更多见于壁画，飞天四肢舒展，彩带飘拂，姿态各异，既有冉冉上升之势，亦有缓缓下降之姿态，这些形象都极富于动感和韵律感。同样的飞天形象也见于其他地方，如通江千佛崖一些唐龛窟里面石刻的飞天形象，便宛如敦煌莫高窟壁画里的飞天。在通江千佛崖的另一个唐代所刻飞天，身子倒倚在一朵云上从空而降，通过两条长长的飘带，既表现出了动感，又通过飘带起伏之姿态表现出节奏感。而在四川巴中南龛第103号龛的唐代飞天，刻在十几米高的崖壁上，反身从空中降下，双手平伸，双脚并拢，姿态尤其优美。

总的来说，石窟艺术的表现题材一是表现佛及佛国图像，二是表现现实生活的内容。由于佛教传入我国以后形成了许多流派，所以佛的形象也有很多，除了传说的法身佛、报身佛、释迦牟尼佛、四面佛像、七佛像、阿弥陀佛、释迦多宝如来佛以外，隋、唐以来又增加了密宗的大日如来、东方药师佛、七佛药师像等。佛之后是菩萨，有男相也有女相，如文殊菩萨、普贤菩萨、观音菩萨、大势至日光菩萨、大势至月光菩萨、地藏菩萨等。第三等是声闻、罗汉，在造像中为协侍，最常见的形象是佛弟子迦叶和阿傩，除此外唐代多用十六罗汉。第四等为护法形象，如四大天王、金刚力士、飞天都属于这类形象。

表现现实生活内容第一便是大量可见的供养人的形象，包括社会各阶层，从帝后、贵族、官僚地主到平民百姓，画家匠工本人，甚至仆役和妓女的形象都可以见到。第二类题材叙事歌功颂德，如唐归义军节度使张议潮于848年收复河西十一州以后，便在865年左右造窟以叙其功。

从装饰艺术方面来看，早期佛像主要的装饰是背光，佛的背光附在石窟的后壁，从地下起随着窟壁的穹隆形，通过佛的身躯，向前覆盖在佛的头上，这种背光装饰一般处理成莲花瓣形，所以有人称之为莲花举身光。在菩萨则仅围绕头部作宝珠形，称为头光。背光的图案有火焰、莲花、飞天、小佛、缠枝花纹等，在龙门的北魏石窟最富于变化，以后趋于素净简洁。佛龛的横额柱上一般有火焰、飞天、唐草、佛像等装饰。藻井、平棋、窟顶人字坡等处的装饰题材，一般有飞天、莲花、唐草等纹样。从纹样来看，云星纹、小纹、重幢纹、斜方格纹都是汉以来传统纹样。隋、唐时普遍盛行莲花纹样和缠枝植物纹样。

在服饰和道具方面，隋、唐以来有不少改进，如佛像画出的方格外衣，用红蓝绿黑金描绘出各式复杂的花朵纹样，为前朝所未有，菩萨的璎珞更加精细复杂，甚至和帔帛叠合起来，下垂至腿部，然后上卷。有的帔帛从两肩下垂并横两道于胸腹之间，显得华丽而优美。佛座由狮子座、方座发展出束腰六角或八角形的莲座。到中、晚唐时菩萨用整齐如花的高发髻来代替冠饰，以复杂的璎珞充用项圈，飞天的头饰为当时社会所流行的双髻和其他流行样式，不确定或短襦的服装也是当时的时尚，通过这些饰物的变化，我们可以了解许多当时社会风俗流尚的演变情况。

除了石窟中的佛教雕像，隋、唐时在宫殿中、寺庙中都有大量的佛教造像，还有许多单体的造像在社会上流传。隋朝只有 38 年的时间，虽然短暂，但佛教雕塑的数量却惊人，远非南北朝能比。隋开皇元年（581）就发诏修复佛寺。在隋文帝统治的 23 年里，造金银檀香夹苎牙石等像，大大小小共有 106 580 尊，并修治旧像 1 508 940 尊。到隋炀帝时铸刻新像 3 850 尊，旧像之修治则达 101 000 尊。又如文帝皇后独孤氏为其父建赵景公寺，造像 600 余躯。礼部尚书张颖捐宅为寺，造 10 万躯金铜像。天台宗创始人智者大师，于一生之间造像 80 万躯。又当时家家户户奉隋文帝之诏，都备有佛经和佛像。可见当时之盛况。

隋代的雕塑中小型鎏金铜像数量最多，如开皇十三年（593）所造树下阿弥陀佛说法像，阿弥陀佛面相慈祥庄严，贴身袈裟之衣纹处理简洁流畅，二菩萨于侧侍立，面容清秀。另有二天王和一对蹲狮。佛像背光作下垂树叶状，两根树干饰有璎珞，非常华美，贴切新奇。该品现藏于美国波士顿艺术博物馆。现藏于美国纽约大都会艺术博物馆的观音立像和陕西西安南郊 1974 年出土的隋开皇四年（584）董钦造的弥陀铜像，也堪称此类雕像的典型。

隋代单体的石雕佛像也有不少流传，但大都在国外，如现藏美国明尼阿波利斯艺术博物馆的菩萨立像，比例匀称，手法熟练细腻，表现出了高超的雕刻水平。另外现藏纽约大都会艺术博物馆的观音菩萨立像及波士顿艺术博物馆的立佛及观音菩萨立像堪称代表之作。

唐代继承隋代以来的传统，一直到盛唐末年，佛像雕造达到极盛，远远地超过了前代。在初唐时，佛师之家经常铸造佛像出售，唐太宗以为不敬，曾下诏禁止。唐初贞观十九年（645）一月，玄奘法师自天竺（印度）归国之际，曾携回三四尺高的佛像五六个，和在这之后 3 年随

董钦造弥陀鎏金铜像

隋开皇四年董钦造鎏金铜阿弥陀佛 ▶
像，通高41厘米，座长24.6厘米，
宽24厘米，现藏西安博物院。隋代
佛造像注重群像的整体效果，出现
了多尊组合一铺的佛教造像群。该
佛像便是现存成铺造像中最为精美
的一组。

王玄策出使天竺（今印度）的宋法智临摹回来的诸种图像，对于当代的
造像形式产生了影响。

　　隋、唐的佛教造像大部分在寺庙中，有泥塑彩像和石雕像，由于当
时寺庙都是木结构建筑，大都毁于战火，造像也随之毁坏。现存山西
五台山南禅寺大殿的17尊唐人塑像、佛光寺存有唐代供养人宁公遇塑
像，以上两处塑像比较著名，但经后世多次修整，虽然仍保留了唐代的
特点，但难以作为研究唐代风格的主要准确依据。寺院中的石雕像在陕
西、河北、河南、四川等地均有出土，如1950年西安安国寺旧址中出
土的10件白玉雕像虽已残缺，但雕工精美，是盛唐风格的典型。现存
陕西历史博物馆一尊残存菩萨发式为唐时风尚，然这些石雕像应以西安
宝庆寺阳刻释迦三尊佛和昆山甪直镇保圣寺之罗汉塑像为代表。

西安宝庆寺阳刻的释迦三尊佛，为唐玄宗开元十二年（724）武则天所营造，由虢国公杨思勖等雕刻，当时安放于城东光宅寺的七宝台，后来移至宝庆寺，嵌入佛殿的壁间，至今保存完好。释迦牟尼佛倚坐于方座之上，脚踏莲花，面相圆满，姿态均衡，衣褶的雕法流丽，均与隋代不同。佛头上的宝盖与左右的飞天，意匠别致，其整个风格与印度相仿。

江苏苏州市吴中区及昆山合辖的用直镇里的保圣寺创立于梁，东、西两壁列十八罗汉像，相传为唐开元中杨惠之所塑。在这两壁中作出山岩、云树、洞岩、海水的形象，其间配置罗汉，位置错落古雅，塑壁大部分已经坍塌剥落，土块山积，全体成灰白色，间有呈黑褐色者，栩栩如生的罗汉像配以高低起伏的山坡，突兀的山岩，卷舒的云气，荡漾的水波，宛如一幅山水画，其塑壁岩石的做法处处显示出唐代的风格。

现在罗汉像只存5尊，第一尊半跏趺而坐，高1.36米，当时作仰观石壁的样子，其位置原在大殿西壁上部，眼、耳、口、鼻以及体

保圣寺罗汉塑像

魄比较类似于印度人，眉宇之间的神情更能表现印度人的特征。其神气十足，全部精神都集中于双眼，生气勃勃。由双肩披垂下来的衣角作卷云式的式样，颇为别致，其容貌纹饰，全部是写实手法。第二尊高1.2米，瞑目入定，衣着龙袍，所以有人说此像应指梁武帝，但也有人说是达摩祖师，其面相和衣褶的处理都十分简洁，初看有些平淡，但细体察其中则有妙趣。第三尊高1.2米，端坐，双手置于膝上，面相温和。第四尊高1.15米，有些像印度人的身材相貌，张口欲言，面作狞笑，右手举起，好像要同别人说话，左手置于膝旁坐于地上，双脚摆放极为自然。第五尊雕像高1.12米，眉目清朗，面容和蔼，作俯视状。以上5尊罗汉像中，以第一尊、第二尊形象栩栩如生，形神兼备，最为精妙，从艺术水平来说也可以说是杨惠之的代表性杰作。

当时除了佛教以外，道教在唐代也比较兴盛，由于道教祖师老子（李耳）与唐帝室同姓，所以唐代统治阶级对道教也颇为扶持。唐高宗时召道士叶法善入宫廷内，武后命匠人廖元立铸道教天真人像。玄宗追尊老子为太上玄元皇帝。在天宝三年（744），唐玄宗下诏在长安、洛阳以及各地州郡建开元观，以官铜铸天尊像安放其内。又到太清宫取长安武功县（现咸阳市武功县）南太白山之白玉石，命匠人元伽儿做玄元像，面于其侧侍立玄宗的真容。在骊山（今陕西西安市临潼区东南）华清宫内取幽州（古州名，位于现河北北部和辽宁南部）的白玉石，命匠人元伽儿做太上老君像安置其中。可见道像制作之盛。虽然道像制作盛极一时，艺术上却没有什么特点，样式风格完全模仿佛教造像，如佛教莲花台座亦见于道像，道像亦模仿佛像左右夹持的组合和圆形和宝珠形的背光。佛像台座前侧一般中间有香炉，两旁有狮子和供养人物之浮雕，而道像亦如法炮制，所不同者只是太上老君面有须，头戴宝冠，右手执符而立，故乍看都误以为是佛教雕像，而且其雕作一般皆不如佛教雕像精美，所以没有再深述的必要。

除了佛教、道教以外，设庙建祠唐代亦在宫廷和民间流行。比如各地圣庙学堂均设孔子十哲像。而民间有德之士，乡邑里也往往为他建专祠，或造其像安置于家庙中供养。道观佛寺亦设圣容院供奉历代帝王御容，此种习气唐代以前不曾有。宫殿中也有陈列皇帝御像，如长安昭庆殿陈列 18 位皇帝的御容便是一例。也有寿像的制作，唐代韩伯通即是制作寿像的能手。又如道教的种种淫祠神像，从来便有，唐代更加盛行，到处建祠，有某某将军、太尉、相公、夫人、娘子或种种郎姥姨姑之名，皆设像事之，此种淫祠尤以吴、楚之地所建最多。武后垂拱四年（688）丞相狄仁杰曾奏表焚毁淫祠 1 700 余所，独留夏禹、吴太伯、季札、伍运四种祠，现已基本无存。

除了以上的宗教雕塑以外，隋、唐时的雕塑类型主要是宫殿和陵墓的仪饰，如前文在陵墓一章中所描述唐陵前的石人、石兽、碑碣等石雕均属此列，而陵墓一章中未涉及的唐碑碣有代表性的作品还有唐大智禅师碑和唐玄宗御注孝经碑。

大智禅师碑位于陕西西安文庙后方的碑林，建于开元二十四年（736）九月十八日，由太子詹事严挺之撰文，殿中侍御史、集贤直学士史惟则隶书。据记载碑"高十一尺一寸五分，广四尺，厚一尺二寸三分。"螭首所刻三头的龙为新的设计，云龙之中更刻有坐佛。方额的边上有云龙的雕饰，方额上部的三角形内有一坐佛像。碑身左右满刻的浮雕，文样取材于宝相华、菩萨、乘狮子的仙童、瑞鸟、伽陵频加等，雕刻技术可以说是精美绝伦，为唐碑中的杰作。

唐玄宗御注孝经碑也位于西安文庙后的碑林内，是开元年间唐玄宗亲自书写并作序的孝经，碑身以黑色大理石制成，其上有方额，方额的左右有瑞兽的浮雕，上下两边有云纹装饰。再之上有盖石，其上亦有云纹的装饰，在顶部刻出山岳的形象。台石的四面皆有瑞兽的石刻，设计新奇，制作精美。

唐代对于碑碣的形制有许多明确的规定，碑之长短及其上所施螭首龟趺的花样都随使用者的身份和等级而异。不过唐代碑碣装饰之风盛行，雕刻之中采取了许多新的图案和纹样，构思出了许多新的设计，所以也比较能代表唐代石雕艺术水平。

在陵墓的仪饰中还有一类比较重要的就是明器中的雕塑，隋代的明器雕塑与前朝相比数量规模都扩大了许多，北朝流行的成行的甲士铠马俑被成组成对的造型秀丽的舞乐伎俑和侍女俑所代替，如隋代李盛夫妇墓里便有一组手捧奁具行进的侍女。另外隋代的明器雕塑同北朝相比更加生活化和富于写实性，如隋敦煌太守姬威墓中有一只母狗卧地哺乳幼狗的形象；而河南安阳张盛夫妇墓中有一组劳动形象的俑，一个手持铁铲，样子似乎劳动间隙中休息一下，另外一个人蹲坐持箕，正在劳动，表现出浓郁的生活气息。还有隋代的明器雕塑和前朝相比，种类上大大地丰富了，有镇墓武士俑、镇墓兽、仪仗俑、乐俑、男女侍从俑、胡人俑、风帽俑等多种类型，还有一种带有十二生肖的俑，俑盘坐，背后有十二生肖像，足踏在俑的双肩，前足攀在俑帽檐上，造型十分别致。

隋代在塑造技巧上施釉陶俑的釉色大多为淡黄，有的因釉汁积厚而呈深赭色，还有间以绿色釉的。这是汉代以来流行的黄、绿釉陶的发展，也是唐三彩的先导。又如在河南安阳出土的白瓷俑，眉眼等部位涂着黑彩以增强其艺术感染力。这些是隋代明器雕塑在塑造技巧上的创新。

唐代对于明器雕塑规制有明确的规定而且有专门的机构负责。据《唐六典》记载："甄官令掌供琢石陶土之事……凡丧葬，则供其明器之属……三品以上九十事，六品以上六十事，九品以上四十事。当圹当野，视明地釉，诞马偶之，其高各一丈，其余音声队与僮仆之属，威仪服玩，各视生之品秩所有，以瓦木为之，其长率七寸。"而实际上唐墓多半不遵守规定，初唐末年便有厚葬的风气，到了盛唐至中、晚唐，其风愈演愈烈，而且"异明器而行街衢，陈墓所，奏歌舞音乐，张帷幕，设盘床，以造花、人形、饮食施路人，殆如祭祀。"唐懿宗咸通十一年（870）同昌公主葬仪中有高积数尺的金玉驼马、凤凰、麒麟，有排列成行的木刻楼台殿阁花木人畜，穷极奢侈，而唐懿宗和淑妃亲自到延兴门观看，并不以为意。可见其礼制之规定如同虚设。

唐代是中国明器雕塑全盛时期，题材丰富，主要类型有女俑、乐舞俑、武士俑、镇墓俑、胡人俑、十二生肖俑，以及镇墓兽、骏马、骆驼等形象。女俑的形象一种是贵族仕女，一种是侍女，前者体态多丰腴而饱满，同唐代绘画中仕女形象一致，如陕西东郊出土的陶制女立俑，高约30厘米，体态丰满，面相圆润，发髻半翻，阔袖长裙，息步袖手，表情安详，一派雍容华贵的唐贵族女性形象。不过这种脸和身材都比较

| 唐三彩载人骆驼俑 |

丰腴的女贵族俑也只是一种类型，在 1950 年西安王家坟 90 号唐墓出土的女坐俑身材便比较苗条，而她粉面高髻，窄袖襦衫，长裙曳地，左手执镜，右手化妆，显然是贵族仕女形象，可见说唐代风尚皆以胖为美也不尽然。贵族女俑服饰一般都长裙束腰，上衣袒胸开口，常披条帛，装束比较华贵，而动作或立或坐，意态悠闲。女侍俑多作恭身而立，下跪或劳作状，服饰朴实无华。在女俑中还有一些骑马的仕女形象，因为唐代从武则天起"以骑代车，女子骑马出行"一时成为风尚。舞女俑体态婀娜多姿，身材比较苗条，比之汉代的舞俑，唐代舞女俑姿态更为丰富，或立或俯，或有旋转的姿态，更富于表现力。舞俑中男俳优俑者也有许多比较生动的形象，唐代比较盛行少数民族的胡舞，在西安鲜于庭海墓中出土的三彩骆驼载乐俑表现了三个胡人、两个汉人组成的乐舞队，真实地描绘了这一情景。

　　由于唐代和少数民族之间的交流较多，所以在唐俑中也经常出现当时称之为胡人的形象，在墓俑里他们一般深目、高鼻、髯须。典型的非

| 唐三彩镇墓兽 |

洲人形象也在唐墓俑中出现，黑发卷曲成细螺旋状，唇红眼白，面部无须，嘴唇较厚，皮肤为黑色。

唐俑中与人物形象有关的俑还有镇墓武士俑，但这一类俑中武士的形象比较特殊，不是生活中的形象写实再现，而是比较夸张地突出其凶猛的样子。尤其是有一种神王俑，体形硕大，肌肉发达，身披铠甲，脚踏黄牛状的小鬼，张口怒目，铁拳高举，与佛教护法天王的形象非常接近，显然是受佛教造型艺术之影响。

镇墓俑的另一类型便是镇墓兽，其形象为人面兽身或兽面人身，手脚均呈鹰爪状，以脚踏凶猛的野猪或怪兽这一形式来反衬它们的凶猛，头上的角和双臂后的羽翼被概括成熊熊燃烧的火焰状，更显示出其猛烈如火的暴戾和愤怒。如果说镇墓神王俑是力量内含而威慑的，镇墓兽则形象夸张怪诞，具有驱邪的威力。

在唐代动物明器雕塑中以骆驼和马的成就最为突出。骆驼的形象有立、卧、行等姿势，尤其卧驼引颈长鸣的姿态更表现出一种高亢的气势，颇具初、盛唐之精神气质。而马的形象在"昭陵六骏"中已有描述，但相比较而言制俑更能充分地表现出马的各种姿态，如漫步、伫立、踢腿、狂奔、长啸、饮水等，配以马身上的各种器具和饰物，以及马鬃马尾编织出的各种花样，更显得仪态万千，丰富多彩。如洛阳出土的踢腿马，前蹄奋起，卷曲的长鬃披散到胸前，尾向后平伸，马扭头后坐，活泼生动，充满力度。又如1972年陕西乾县懿德太子墓中出土的一件骑马射猎俑，马上的武士腰佩宝剑，正扭身弯弓搭箭指向天空，马好像在奔跑之中骤然停下，四蹄踏地，给人以安稳之感。这个俑中人与马的形象一动一静，形成鲜明对比，姿态优美而和谐。马的形象在唐俑中一般头小颈长，腰肥体壮，骨肉停匀，比例谐调，其神态、色泽质感的刻画都相当出色。

另外在陕西咸阳张去逸墓中出土的游山群俑共有男女俑8件，正围绕着一座山游玩，自然山水进入明器雕塑这在前代还不曾见。

唐代的俑主要以陶为主，有少数木制、石制材料的俑，个别俑以竹为材料。陶俑仍采用模制，一般双模，在此基础上再加塑制，手、发髻，手持器物则加以捏塑，衣纹在全部脱模之后加以刻画。唐代对雕塑艺术的最大贡献是创造了唐三彩这种形式，它是从彩陶和商周已有的彩釉制作发展出来的，之前都是单色，到了唐代出现了黄、褐、绿三色的混合运用，它是将涂好各种釉汁的造型塑胎，经过窑中高温烧制的窑变，使彩釉熔化、流动、相互浸润，呈现出浓淡虚实不同的色彩层次。随着经验的累积，制作唐三彩的匠师们可以按预想的效果来运用色釉，使生产出的产品有巧夺天工之妙。唐三彩出现于初唐，流行于开元年间，盛唐是唐三彩的极盛时期，到安史之乱以后就逐渐衰落了。

唐俑雕刻精美，技法高超，在艺术上有很高水平，同时题材丰富，反映了当时社会经济文化以及民族间交流情况和社会风俗，有很高的研究价值。

隋代雕塑作品虽多，但几乎没有雕塑家名字流传下来，而到了唐代以后便出现了许多有名气的雕塑家，其中最杰出的代表就是杨惠之。杨惠之是唐玄宗天宝年间人，世籍苏州，家住吴山张家庄，据《五代名画补遗》中说他和唐代大画家吴道子同时师法于南梁苏州大画家张僧繇，后吴道子绘画名噪一时，而他却黯然无闻，因此另辟蹊径，矢志从事雕塑之研究，终于自成一家，创造了塑壁之法而驰誉天下。当时有"道子画，惠之塑，夺得僧繇神笔路"之说。当时洛阳长安寺观中多有吴道子壁画，而杨惠之的山水塑壁几乎遍布中原，均称天下第一。宋代郭熙所创影壁，便是看了他的塑法以后得到启发的。杨惠之对于雕塑艺术的贡献，一是创造了山水塑壁的形式，二是首创了佛教中千手千眼观音的造型，三是写有《塑诀》一书，是中国雕塑史上唯一见于记载的有关雕塑方面的理论著作，宋代还曾流传，可惜后来散失了，其雕塑作品至今也没有留存。

唐代雕塑家还有韩伯通、宋法智、窦弘果、释方辩、刘九郎、王温、刘意儿、张仙乔、王耐儿、张宏度、李岫之等。

韩伯通据《历代名画记》称"隋韩伯通，善塑像"。可见他在隋代便已成名，隋文帝所立佛塔中有他的作品，唐高宗时曾奉诏为高僧道宣塑像并装銮，以寿像闻名，当时人称相匠。

宋法智除了雕塑，同时也以善绘闻名，曾随唐使节王玄策去印度，带回大量摹本，对当时的造像艺术影响比较大，后来在长安洛阳参与了许多重要的佛像制作。

窦弘果是武则天时人，曾任尚方丞，张彦远认为他的画作"迹皆精妙，格不甚高。"而雕塑作品方面却巧绝过人。他的作品在东都洛阳的敬爱寺里比较多，有弥勒佛像、门神、佛事及山、金刚神王、狮子、圣僧等二十有余。

王温是塑土及妆銮（指在梁栋斗

| 唐代执镜女俑 |

拱或于素像什物上布彩）的名家，为大相国寺重装的圣容金粉肉色及三门下善神一对，被称为十绝之一。

刘意儿名乙，开元初双流县人，曾做先天菩萨像 242 头，臂缠伎如蔓云，曾作有画样 15 卷，惜现已流失。

释方辩是四川僧人，玄宗先天元年（712）曾谒见禅宗六祖慧能，捏塑七寸慧能相以进，慧能称"汝善塑性，不善佛性"。从雕塑方面来看，也可视为夸奖。可见他擅长真实地表现人物。

张仙乔本名爱儿，玄宗亲赐改名仙乔，初学吴道子画不成，改学捏塑以及石雕，闻名一时，杂画虫像造诣也比较高。

王耐儿也是吴道子的弟子，绘画雕塑俱佳。

张宏度于慧聚寺天竺堂的造像，为时人称道。

李岫之塑文惠太子像，神态栩栩如生。

刘九郎曾于河南府南宫大殿塑三清大帝尊像以及门外青龙、白虎守殿臣，称为神巧。当时广爱寺东法华院主惠月闻其大名，曾请他塑鬼子母，工毕声动天下，而他说他塑此像三处，以此处最差。京邑人士无不钦叹，评此作品与王温、杨惠之的作品同列神品。

总而言之，唐代是我国文化艺术全面繁荣的时代，雕塑艺术自秦汉以后到盛唐达到了它的又一个高峰，秦汉的雕塑以形体巨大、刚劲、雄强、拙重、气势宏大为基调，而唐代雕塑则比较圆熟，精美，细致，和谐。并且以现实生活为基础，发展丰富了题材，可以得心应手地表现各种形象。如果说秦汉雕塑以气势取胜，则唐雕塑艺术以写实性见长，实在是各有千秋。

第七章

建 筑 技 术

第一节
建筑材料及加工技术

>>>

隋、唐时期使用的建筑材料主要有木、砖、瓦、石等。在隋、唐时期砖墓、砖塔开始流行，在这个时期砖有不同的形式，如四方形，六角形和八角形砖，此外还有圆形的砖。隋、唐时期的宫殿往往以砖铺地，如唐代大明宫便是以有花纹的砖铺地。在敦煌壁画晚唐第8窟中的城楼的形象中也出现了有花纹的画砖。不过这一时期砖的应用还不是很普遍，一般城墙皆用夯土筑成，仅在城门和城墙转角处以砖包砌，在唐末时南方的一些城市如苏州开始以砖筑城。

瓦有灰瓦、黑瓦和琉璃瓦三种形式，灰瓦用于民宅等一般建筑，黑瓦则质地紧密，经过打磨以后比较光滑，用于宫殿和寺庙等建筑，比如唐长安大明宫含元殿遗址中曾出土黑色陶瓦。琉璃瓦也用于宫殿建筑，在含元殿遗址中也出土少量绿琉璃瓦片，琉璃瓦以绿色为主，蓝色次之，此外还有以木作瓦，在外面涂上油漆及缕铜作瓦的。

石材主要有花岗岩和大理石。石材是建筑史上较早应用的材料之一。石材的硬度比较大，耐水性较好，时间久远，也损坏较少，但其加工和开采都不如木材方便，所以在建筑中石结构建筑不如木结构建筑那样广泛。石结构建筑一般应用于纪念性建筑或雕塑，比如塔和石雕，或是应用于要求耐久的建筑，比如桥，或是应用于木结构建筑中要求坚牢的部分，如台基和踏跺。我国的工匠很早就了解了石的受力性能，花岗石的抗压强度为 1 200～3 000 公斤／平方厘米，而其抗拉强度只相当于其抗压强度的五十分之一，我国工匠利用这一特点运用了石拱券这种材料完全受压的结构方式。如隋代赵州桥以 28 排并列石拱券组成。石材的砌筑一般都是上下错缝，平叠垒筑，与砌砖大体形式相同。在需要出挑的地方使用叠涩，其具体运用可参见本书塔部分的石塔建筑实例。

| 居庸关南门石拱券 |

石块之间一般不用胶结材料，如在陵墓中《新唐书》记载乾陵"玄阙石门，冶金固隙"。现考察其墓道全部用石条砌，从墓道口到墓道门长约63米，共有39层石条，每层石条各用铁栓固定，并灌注铁水。

木结构方面，主要构件如斗拱、梁、柱、昂等形式均已比较成熟，形式也基本上固定下来了，在以后几代中变化都不大。

斗拱，根据敦煌莫高窟初唐壁画中的建筑细部来看，在初唐时栌斗上已出跳水平拱，到了盛唐时期则有双抄双下昂出跳的斗拱。补间铺作在初唐时多用人字形拱，到了盛唐时期出现了驼峰，并在驼峰上置二跳水平拱承托檐端。唐代斗拱特点是斗拱雄大，指的是建筑立面构图中柱高与斗拱面高度的比例。由于唐代建筑中开间较窄，因而柱身也较短，柱头铺作与补间铺作繁简各异，结构机能上主次分明，各不相同。但已知几座唐代建筑中柱高与斗拱面的高度之比例一般在 5∶2 至 2∶1 之间，这种比例形式给人整体印象比较平稳、雄浑，但有些头大身短，北宋中期以后这种现象得到了改进。

昂的主要作用是调整檐的高度，中国古代建筑中檐的主要作用是保护木构本身和夯筑的土墙，建筑高则要求出檐深，而出檐深远又不同时增加建筑物身高的方法就是下昂。下昂是一种悬跳承重的构件，其作用性质比较类似于杠杆。隋、唐时期斗拱雄大，出檐深远的特色使昂充分发挥用途，在佛光寺东大殿可以看到昂的作用的具体表现。唐、宋以后昂的功能逐渐转化为装饰性成分，其本身也退化了。除了下昂以外，还有上昂，上昂实际上是斜撑的受压构件，其形式比较简单。上昂这种形式用一件斜撑的构件代替若干层层水平叠加的构件，可以减少工料，缺点是受角度限制，外伸不能过长，因此很少见于外檐，故隋、唐几乎没有有关上昂的资料记载。

梁架结构，隋、唐时主要特点是在柱梁和其他节点上安置各种斗拱，因为唐代结构柱身较矮，所以室内空间比较低，斗拱在室内结构和形象上的作用更为突出。南北朝以来在梁上置人字形叉手以承载脊檩的方式，在唐代依然被沿用。在佛光寺东大殿的梁架结构中便可以看到，在唐、宋以后的建筑中几乎没有这种做法了。另外根据敦煌壁画里所描绘的建筑形象，在楼阁建筑中腰檐上加平座，推测在其内部应该有暗层等形式。

柱是用来支撑梁架的，有檐柱和金柱之分，檐柱指露在建筑物外表的柱，金柱在内檐，连接门、山墙等围拢起来的房间。柱由柱础、础身和柱头三部分组成，柱头连着雀替和斗拱承托梁架。我国唐代的柱身一般都比较低矮，这是因为唐代建筑开间一般都比较窄，而根据"柱不逾间广"的原则，柱身一般都不高，唐代的柱身一般都不超过 5 米。柱身的材料有木质和石质两种，石质柱有四方、六角、八角形等几种平面形式，柱身朴素一些的凿平磨光，比较华贵的上有浮雕和透雕蟠龙形象。隋、唐建筑以木柱为主，由于天然圆木不可能几何形态完全相同，所以原木一般都要经过加工成型，使之尺寸整齐划一。在原本的方形、六角、八角形的基础上，又将南北朝以后出现的圆柱和梭柱的形式发展成为主要形式，圆柱和梭柱要求斫削光洁、圆滑，难度最大，故隋、唐时期圆柱和梭柱主要用于殿堂和庙宇之中。

在柱排列方式中，我国古代建筑中有侧脚和生起两种方式。侧脚就是外檐柱不是垂直的，而是微向内倾，倾斜尺度大约为柱高的百分之几，表现在平面中就是柱根平面大于柱头面尺寸，此种做法称为侧脚。生起就是建筑物每面的柱子从明间开始向外至角柱逐渐增高，这两种措施都可以使建筑物的重心向内，对于增强建筑结构中柱框的刚度都起到一定的加强作用。隋、唐时期这两种措施都已经出现，但是尚不普及，比如在佛光寺东大殿中只用了柱生起而没有用侧脚，到以后各代建筑中才普遍运用。柱身所连的柱头和柱础部分是柱子的装饰比较集中的地方。柱础的花纹样式唐代比较流行的有覆盆式、莲瓣式和须弥式等。柱头连接的雀替也可以看成是柱头装饰的有机组成部分。最初的雀替是在柱与额枋相交处所形成的框格中加上的三角形木块，旨在加强水平构件所产生的剪力和减少枋的净跨度，并防止横竖构件之间角度的倾斜。雀替后来慢慢发展成一种装饰构件。雀替除了比较普通常见的形式以外，还有龙门雀替，多用在牌坊上，是雀替之中最复杂的一种，因为还有云墩、梓框、麻叶头、三伏云等小构件。雀替还有一种形式称花罩，其形式是雀替作水平延伸，把相对的两个雀替连接起来合成一体。这种雀替常用在园林中观赏性建筑中，是一种纯粹装饰性的构件。与雀替功能上相同或形式上相似的还有斜撑、驼峰、隔架科等几种构件。斜撑是另一

|莲花柱础|

种形式的雀替，比雀替更有力感，它和柱子分成三股力量承托额枋，如同柱的分支一般。由于斜撑较细，而且截面是圆形，不便于施彩画，所以多用雕刻来完成，特别是透雕，它比较广泛地用于园林建筑中。驼峰和隔架则用在两根相距不远的横梁中间，结构简单的称驼峰，复杂的称隔架科，都具有一定的装饰性。

第二节
建筑构件和细部

>>>

除上文中提到的斗拱、梁、柱、昂等木结构构件以外，构成一个建筑物其他部分还有台基、栏杆、门窗和屋顶，下面我们对这些部分分别加以介绍。

中国古建筑立面三大要素中有高台基一说，其应用是为了防止房屋进水。早期的台基是以夯土制成，后来除临水建筑使用木结构以外，一般台基以砖、石两种材料制成，并在台基外侧设散水一周。开始的台基是平座式，后来随佛教传入须弥座开始应用。须弥座形式是线叠涩很多的台座。这种形式从印度传来，须弥即指须弥山，据古印度传说须弥山是世界的中心，也有说是指喜马拉雅山。须弥座这种形式广泛地用于宫殿、楼阁、塔、碑碣等建筑中。唐代须弥座的特点是在束腰上下沿水平方向做叠涩支出，有莲瓣作为装饰，其束腰部分显著加高，并以蜀柱分割成若干部分。台基的设置，不但使建筑物更加高大气派，而且可以提高承托的硬度，也把房屋的重量分散到更广阔的面积，符合力学原理。

比较高的台基一般都有台阶以便上下，如果台基前面较宽敞，台阶则安排在正面，如地方很窄，则以斜阶的方式来解决。比较重要的殿堂的台阶往往设置三条道，中间一条上面刻着龙、凤、卷母和海水等，这是供皇帝使用的御路，也叫作丹陛。除了这些以外，台基地栿、角柱、间柱、阶沿石等都饰以雕刻或在其上加彩绘，踏布面和垂带石也同样处理，但也有在上面铺花砖的。

栏杆亦称勾栏，其作用是起保护安全的作用，不承担任何重量，因此处理上比较自由。栏杆一般都是木制的，多采用勾片栏板以及简单的卧棂，其下护以雁翅板。在隋、唐时比较重要的建筑物上开始使用石制的栏杆，在大明宫含元殿遗址中出土的石制的望柱和螭首可以为证。隋、唐时的栏杆，一般由寻杖、望柱、华板、地栿、盆唇、蜀柱组成。其中望柱有方形、圆形、莲瓣形和各式图案，华板上是装饰的重点，有实心浮雕，也有透笼雕花。在透笼雕中，有万字回形纹、曲尺形等种种各式不同的变化。

一般的殿堂往往有内外两层柱子，两层柱间称为柱廊，廊内柱与柱之间需要安装门、格扇或槛墙，这些工程统称为内檐装修。它在柱间连成一片，与屋顶、台基组成一座建筑物的"三等分"。格扇纵向可分成三段，上部窗棂部分叫隔心、格眼或菱花。下部装木板的叫裙板，或称障水板。在中部菱花与裙板之间有一段狭长的部位叫腰华板。隋、唐时隔扇门已经有这三部分的划分，只是上部较高，一般装有直棂窗。直棂

聊城铁塔须弥座

🔺 须弥即指须弥山，在印度古代传说中，须弥山是世界的中心。另一说指喜马拉雅山。用须弥山做底，以显示佛的神圣伟大。其侧面上下凸出，中间凹入，正是由佛座逐渐演变而来。

窗的样式除常见的以外，唐咸通七年（866）所建山西运城招福寺禅和尚塔上已有龟锦纹窗棂，此外在初唐时期乌头门的门扉上部亦装有较短的直棂。

天花是平顶，又称平暗，而穹隆顶的顶棚便称藻井，向上隆起呈半圆形的顶棚称卷棚。天花的做法，是由纵横相交的木楞搭成某种棋盘式的方格，钉以木板。天花的骨架除正方形外，还有长方形、六角形和八角形等多种样式。天花既掩盖了屋顶的梁架结构，防止灰尘下落，更能在视觉上使室内空间更加规整。在天花上的彩画图案，隋、唐时一般有藻类、莲花、牡丹等花纹图案。藻井是在天花板的正中顶棚部分升起的一种如伞如盖的穹隆顶。隋、唐时藻井式样一般是斗入藻中，其装饰功能其实已经大过实用的需要。唐代一般藻井形式比较简洁，但石窟中藻井花纹稠密，其彩画成分多于构造成分。在石窟艺术一节中可以见到具体实例。

在屋顶形式中，唐代最高级别的建筑是庑殿顶，庑殿顶就是屋顶四面都有斜坡。与庑殿顶同时还加以重檐，用于比较重要的建筑物。次于庑殿顶的是歇山顶和攒尖顶，歇山顶就是庑殿顶同悬山顶的结合形式。隋、唐时期歇山顶的形制收山比较大，上部有博风版及悬鱼，山花部分向内凹入很深，下部的博脊也随之凹入。隋、唐时期的组群建筑中往往以不同形式的屋顶有机地结合起来，组合为主次分明而又相当复杂华丽的形象。

第三节
装饰纹样及图案

>>>

隋、唐时期使用的纹样，除了比较常见的莲瓣纹以外，还有通常用于窄长花边上应用卷草构成的带状花纹，隋代独孤罗墓志盖上可以见到卷草纹的图样。至唐以来，卷草纹样日趋华丽而复杂，并有多种组合，有的在卷草纹中夹以动物的形象，如唐代杨执夫妇墓中出现卷草纹中夹有凤和狮鹿的形象。也有的在卷草纹中夹以人物，如唐大智禅师碑侧的卷草纹里夹有佛像。这些花纹不但构图饱满，而且线条也很流畅挺秀。除此之外的花纹，如敦煌莫高窟第 331 窟的藻井上有流苏纹样，第 360 窟的藻井上有铃铛流苏的纹样，在第 322 窟中发现了有葡萄纹样，在第 197 窟和第 66 窟中都发现了有带状花纹，在第 319 窟中有团窠纹样，在第 420 窟中有火焰纹样。这些都是唐代装饰中纹样的一些类型，也各自见于其他建筑物中。在唐代的纹样组合中，还常用半团窠和整团窠相间排列，以及回纹、连珠纹、流苏纹、火焰纹以及飞仙等组成华丽丰满的装饰图案。

唐代建筑装饰图案主要有牡丹图案，佛教建筑中常用忍冬图案。盛开的牡丹花，花轮丰硕，色彩鲜艳，统治阶级用以代表荣华富贵，是当时应用最多的装饰题材。佛教建筑中常用忍冬图案中的忍冬，据佛经说忍冬生长在佛国雪山中，经寒冬而不凋，汉代起便用来做装饰题材。唐代佛教建筑彩绘雕饰中常用卷草忍冬相结合，显得呼应而连贯，茁壮而秀丽。除此之外，唐代比较流行的装饰图案还有海石榴花图案，据说它是从西域传过来的。

第四节
木构技术

>>>

隋、唐时木结构技术达到了很高的水平，如隋大业三年（607）宇文恺逆风行殿，以木结构制成，三间二层，上面可容数百人，下面有轮轴等设施可以移动。据《隋书·宇文恺传》记载，此殿是隋炀帝巡游甘肃、青海一带所用。据《大业杂记》记载，隋炀帝时，在东都洛阳宫内的观文殿建立第一座按四部（经、史、子、集）分类排架的图书馆，装有机械，踏上阶道，门扉帘幕就会自动开合卷舒。据《隋史·何稠传》记载何稠所造的六合城，可以拆卸拼装运至他处，"其城周围八里，及女垣合高十仞。上布甲士，立仗建旗，四周置阙，面别一观，观下三门，迟明而华。"

在隋仁寿年间（601—604）修建明堂时，宇文恺以一分作一尺的比例，建造了明堂的木模型，下为方堂，堂内有5室，上有圆观，观有四门。在隋大业四年（608）修汾阳宫时先令人绘制图样，说明最迟隋朝我国建筑史上已出现先做图样或模型供审查的制度。

唐代的木结构建筑技术除了体现于宫廷建筑中，其他有代表性的建筑如江西南昌的滕王阁和湖北武昌的黄鹤楼，据宋代绘画中的样式来看，均是为几个单位组成的复合体，达到了很高的建筑水平。又如五代宋初时期著名匠师喻皓从杭州来到开封，对建于唐睿宗时期（710—712）的大相国寺建筑多次潜心观摩，他说对于大相国寺楼门的结构，"他皆可能，惟不解卷檐耳。"卷檐指的是屋角上的出檐构造，喻皓为宋欧阳修誉为"周朝以来，木工一人而已。"连他都有些不解，足可见唐代木构技术有其独特之处。

隋、唐时的柱身加工和枋枋等构件拼接联系技术，均已达到很高水平。值得指出的是材分制在唐代已经实际存在，按《营造法式》所说材分制度是"凡屋宇之高深，各物之短长，曲直举折之势，规矩绳墨之宜，皆以所用材之分以为制度焉。"意思是在建筑物空间尺寸、构件长短、卷杀和屋面斜率、斫料尺寸等方面，均以建筑物按等级所选用的

| 南昌滕王阁主阁 |

材料来确定。在唐代,虽然各种拱的长度很少相同,更没有和《营造法式》中的规定值一致的,但拱的断面的高宽比为 3∶2 这一材分制度,见于南禅寺正殿和佛光寺东大殿以及其他木结构建筑中,说明在实际运用中已经有了材分制度。

第五节
其他建筑技术

>>>

在唐高祖武德九年(626)前后,王孝通著《缉古算经》中有筑台,筑龙尾堤和挖河的算例,解决了大型土方工程中已知工程总量和上下高广的相对关系求工程高广具体数字的三次方程求解法,这是当时工程技术方面所采用的数学新成就。

唐时还有一些构思奇特、设计新奇的建筑类型,如唐天宝年间(742—755)丞相李林甫在住宅内创建平面弯曲如扇面的厅堂,名偃月堂。唐代宗时期(763—779)鱼朝恩在室内筑一室,四壁夹安玻璃板,其中贮以江水及萍藻,诸色鱼虾水产,称之为藻洞。在敦煌壁画中中唐第 231 窟描绘的建筑中院内有两层佛殿,两侧环廊转角处有角楼,角楼与正中的佛阁上部之间有飞桥相通,也是比较特别的设计。

隋、唐时期的民宅,其布局形式大体上同宫殿和寺院,有些房屋间有直棂窗回廊连接构成四合院,有些不用回廊而直接用房屋围绕成平面狭长的四合院,在乡村有以木篱茅屋构成的简单的三合院。在一些边陲地区则比较不同,如敦煌莫高窟初唐第 431 窟描绘瓶沙王的宫廷院落,布局没有中轴线,房屋也不对称,房舍大致分成三个院落:右侧及左侧各有一院,四面有高墙,正面和侧面有门,院内各有一堂。

总的来说,唐代建筑技术已经达到了比较成熟的阶段,其标志是技术要求、空间处理以及造型艺术融为一体。而且运用了数模制，唐代的许多建筑技术为宋代所沿用，比如宋《营造法式》中保存了不少唐代的技术。

隋、唐时期建筑在数量和规模上都超过了以前各代，并在继承和吸收唐之前历代建筑成就的基础上加以发扬和光大，达到了更高的水平。隋、唐时我国建筑全面走向成熟，并和当时的文化传统相结合形成了自己的美学思想，其表现于建筑中的圆熟、华美、雍容大度的基调，不仅是隋、唐时代精神的反映，对以后各代乃至海外同时期的建筑都产生了深远的影响，隋、唐时期的建筑技术有许多为后代沿用，有些技术至今仍具有指导意义。

雕塑同建筑有许多互通之处，隋、唐时期的雕塑达到了秦、汉以后的又一个高峰，但又不是秦、汉雕塑简单的继承。秦、汉时期的雕塑以开阔的气势和巨大的体积来征服空间，这一点在唐代雕塑中也得到继承，如陵墓前气势开阔的石刻，体积巨大的摩崖刻佛，在充满力度的传统上是一脉相承的。故鲁迅先生曾说"唐人也不算弱"，以用来比较汉、唐的雕塑。同汉代一样，形象中的凝聚的力也是一种气势昂扬、意气风发的时代精神所激发出来的。不仅如此，唐代发展了秦、汉的雕塑，将阳刚之气与阴柔之美完美地统一在一起，形成了自己的时代风格，做到气势宏大而不呆板，雄伟强健之中又见秀丽流畅的境界，将雕塑艺术提高到了新的水平。

后 记

　　这套丛书，历时八年，终于成稿。回首这八年的历程，多少感慨，尽在不言中。回想本书编撰的初衷，我觉得有以下几点意见需作一些说明。

　　首先，艺术需要文化的涵养与培育，或者说，没有文化之根，难立艺术之业。凡一件艺术品，是需要独特的乃至深厚的文化内涵的。故宫如此，金字塔如此，科隆大教堂如此，现代的摩天大楼更是如此。当然也需要技艺与专业素养，但充其量技艺与专业素养只能决定这个作品的风格与类型，唯其文化含量才能决定其品位与能级。

　　毕竟没有艺术的文化是不成熟的、不完整的文化，而没有文化的艺术，也是没有底蕴与震撼力的艺术，如果它还可以称之为艺术的话。

　　其次，艺术的发展需要开放的胸襟。开放则活，封闭则死。开放的心态绝非自卑自贱，但也不能妄自尊大、坐井观天：妄自尊大，等于愚昧，其后果只是自欺欺人；坐井观天，能看到几尺天，纵然你坐的可能是天下独一无二的老井，那也不过是口井罢了。所以，做绘画的，不但要知道张大千，还要知道毕加索；做建筑的，不但要知道赵州桥，还要知道埃菲尔铁塔；做戏剧的，不但要知道梅兰芳，还要知道布莱希特。我在某个地方说过，现在的中国学人，准备自己的学问，一要有中国味，追求原创性；二要补理性思维的课；三要懂得后现代。这三条做得好时，始可以称之为 21 世纪的中国学人。

　　其三，更重要的是创造。伟大的文化正如伟大的艺术，没有创造，将一事无成。中国传统文化固然伟大，但那光荣是属于先人的。

　　21 世纪的中国正处在巨大的历史转变时期。21 世纪的中国正面临着史无前例的历史性转变，在这个大趋势下，举凡民族精神、民族传统、民族风格，乃至国民性、国民素质，艺术品性与发展方向都将发生巨大的历

隋唐五代建筑雕塑史

史性嬗变。一句话，不但中国艺术将重塑，而且中国传统都将凤凰涅槃。

　　站在这样的历史关头，我希望，这一套凝聚着撰写者、策划者、编辑者与出版者无数心血的丛书，能够成为关心中国文化与艺术的中外朋友们的一份礼物。我们奉献这礼物的初衷，不仅在于回首既往，尤其在于企盼未来。

　　希望有更多的尝试者、欣赏者、评论者与创造者也能成为未来中国艺术的史中人。

史仲文